STUDENT DESIGN PORTFOLIO

苏州大学
金螳螂建筑学院
建筑类设计人才
教学实践及成果

主 编 吴永发 孙磊磊 王思宁

苏州大学出版社

图书在版编目(CIP)数据

苏州大学金螳螂建筑学院建筑类设计人才教学实践及
成果 / 吴永发,孙磊磊,王思宁主编. —苏州:苏州
大学出版社,2022.5
ISBN 978-7-5672-3880-0

Ⅰ.①苏… Ⅱ.①吴… ②孙… ③王… Ⅲ.①建筑设
计-人才培养-成果-高等学校 Ⅳ.①TU2

中国版本图书馆 CIP 数据核字(2022)第 087873 号

书　　名:苏州大学金螳螂建筑学院建筑类设计人才教学实践及成果
　　　　　Suzhou Daxue Jintanglang Jianzhu Xueyuan Jianzhulei Sheji Rencai Jiaoxue Shijian ji Chengguo

主　　编:吴永发　孙磊磊　王思宁

策划编辑:刘　海

责任编辑:刘　海

装帧设计:吴　钰

出版发行:苏州大学出版社(Soochow University Press)

出 品 人:盛惠良

社　　址:苏州市十梓街 1 号　邮编:215006

印　　刷:苏州工业园区美柯乐制版印务有限责任公司

E-mail:Liuwang@ suda.edu.cn　　QQ:64826224

邮购热线:0512-67480030

销售热线:0512-67481020

开　　本:890 mm×1 240 mm　1/16　印张:12　字数:247 千

版　　次:2022 年 5 月第 1 版

印　　次:2022 年 5 月第 1 次印刷

书　　号:ISBN 978-7-5672-3880-0

定　　价:108.00 元

匠心筑品

序言

　　1923年江苏公立苏州工业专门学校建筑科的设立，是中国近现代建筑教育史上的里程碑事件，中国近现代建筑学专业教育之"梦"得以实现，苏州因此成为中国近现代建筑教育的摇篮。一个多世纪前，中国著名的现代高校东吴大学也在这里创建，开中国西式教育之先河，成为苏州大学的前身。进入新世纪，苏州大学金螳螂建筑学院应运而生，它是苏州大学为主动适应21世纪中国城市发展需求而成立的新兴学院。学院依托名城名校发展战略和长三角经济发达的地域优势，秉承"江南园林之意蕴，香山匠人之精神"，肩负延续中国现代建筑教育发端之历史使命。

　　随着当今社会的转型发展，社会对设计人才素质和能力的要求越来越高。基于建筑类专业跨学科和应用性强的特点，传统的教学模式和单纯的课堂教学方式已不适应新时代复合型设计人才培养的需求。如何改革现有的教学模式，培养设计类学生的创造性和适应性？近几年，在教育部实施本科教学质量工程和卓越工程师计划的引导下，许多高校进行了卓有成效的探索。新兴的苏州大学金螳螂建筑学院借助自身的发展优势，主动探索新形势下校企合作的新模式，在学科建设、教学模式、人才培养等方面进行了系统的创新。经过十余年的转型定位，学院已完成建筑学、城乡规划学、风景园林学、历史建筑保护工程等四个建筑类专业的调整和设置，并进一步推进相关专业的融合交叉，在苏州这座历史名城的文化背景下进行特色建设。在培养模式上，学院构建"低年级大平台+高年级导师组"纵横交融的教学模式，强化教学、科研、生产为一体的创新型设计人才培养模式；在专业教学中，注重学生知识、能力及素质的全面协调和发展，培养学生获取适应现代社会发展所需的新理论、新知识和新技术的能力，努力构建与完善适合建筑类设计人才培养的办学模式。

　　2021年，学院迎来发展历程中又一个崭新的五年。《苏州大学金螳螂建筑学院建筑类设计人才教学实践及成果》编印成册，即将付梓。该成果立足于学院近年来在人才培养上校校联合、校企合作、校外拓展的有益尝试，尽可能系统梳理和总结近年来本科教学实践的阶段性成果，以期不断提升学院的教学水平和办学质量。其内容分为"设计竞赛获奖作品""多校联合教学实践""优秀设计课程作业""暑期境外研修实践"四大板块，从多个维度展现学院近年来高质多元、精益求精的教学成果。本书亦可供建筑类师生在设计教学中参考使用。由于篇幅有限，设计作品中的细微之处只能以示意的形式呈现，特此说明。

　　"匠心筑品"，非一时一人之力。感谢学院师生坚持不懈的努力，此册得以高质量呈现，应归功于你们深入持久的耕耘！愿我们携手进取、再创佳绩！

编　者

2021年春于苏州大学

目录

暑期境外研修实践

设计竞赛获奖作品

苏州是历史文化名城，近些年来考古出土文物数量众多，原有博物馆规模已无法满足需要，需另建博物馆新馆。项目基地位于苏州古城区，北有太平天国忠王府、拙政园，以及贝聿铭设计的苏州博物馆，南边是狮子林。

苏州博物馆　　忠王府　　　拙政园　　　潘儒巷（基地）　　狮子林

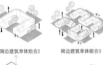

周边建筑单体　　周边建筑单体组合1　　周边建筑单体组合2　　周边建筑单体组合3　　周边建筑群流线方式

周边建筑巷道空间　　抽取巷道空间　　垂直流线　　水平流线　　新苏州博物馆

作品名称：博物馆建筑设计
学生姓名：徐清清
指导教师：王　斌
所获奖项：2015中国建筑新人赛TOP100新人奖

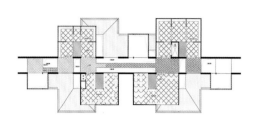

三层平面图

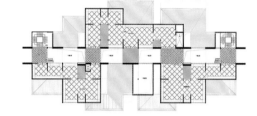

二层平面图

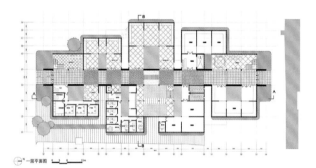

一层平面图

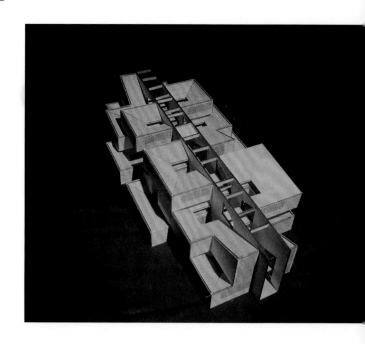

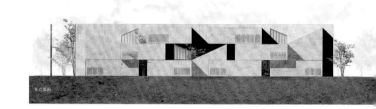

南立面图

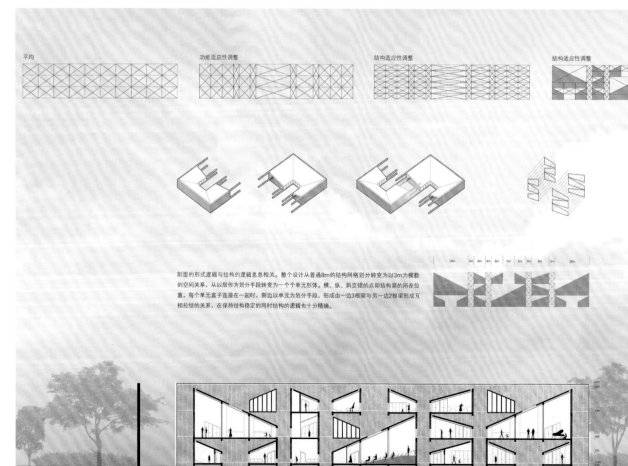

平均　　　　　　　　功能适应性调整　　　　　　　结构适应性调整　　　　　　　结构适应性调整

剖面的形式逻辑与结构的逻辑息息相关。整个设计从普通8m的结构网格划分转变为以3m为模数的空间关系，从以层作为划分手段转变为一个个的单元形体。横、纵、斜交错的点即结构梁的所在位置，每个单元盒子连接在一起时，侧边以单元为划分手段，形成由一边3根梁与另一边2根梁形成互相拉结的关系，在保持结构稳定的同时结构的逻辑也十分精确。

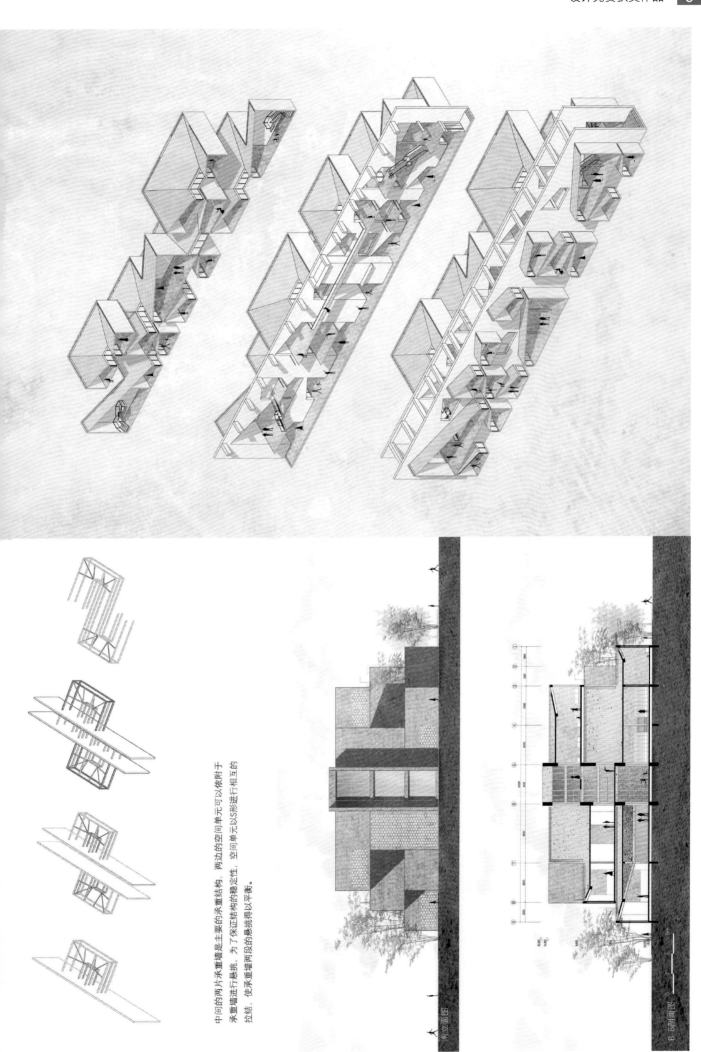

中间的两片承重墙是主要的承重结构，两边的空间单元可以依附于承重墙进行悬挑，为了保证结构的稳定性，空间单元以形进行相互的拉结，使承重墙两段的悬挑得以平衡。

南立面图

B-B剖面图

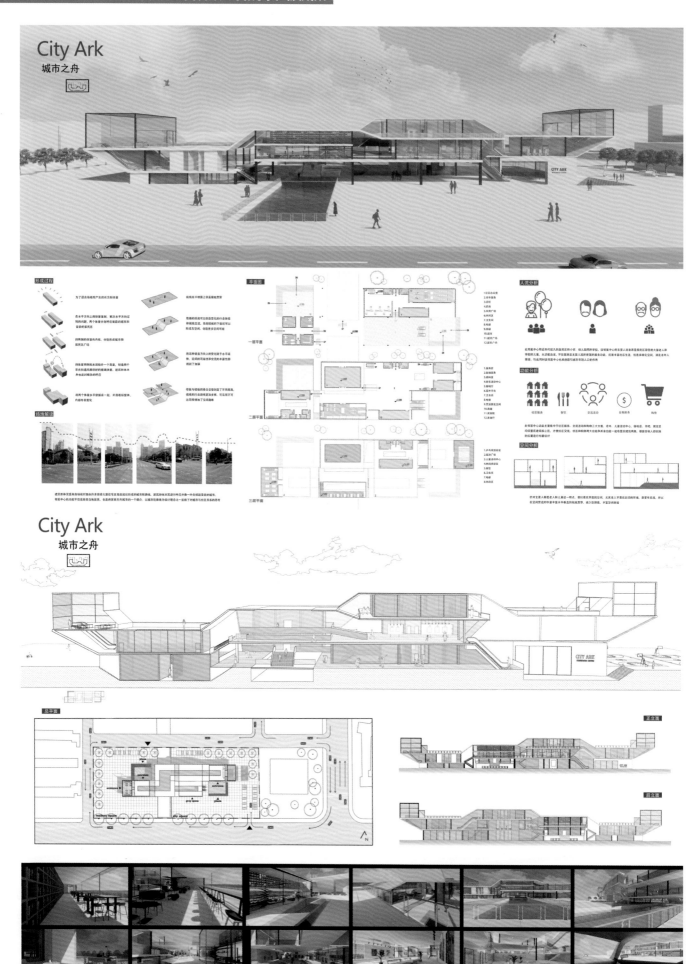

City Ark
城市之舟

作品名称：城市之舟
学生姓名：曹　畅
指导教师：王杰思
所获奖项：2018中国建筑新人赛TOP100新人奖

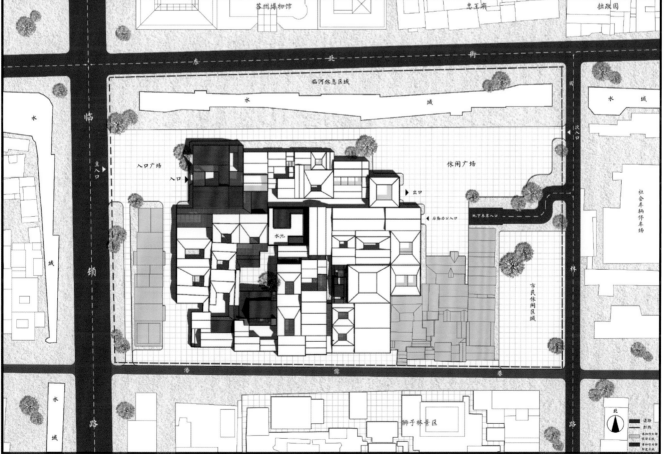

■ 总平面图　1:1000

作品名称：碰撞
学生姓名：施佳惠
指导教师：叶　露
所获奖项：2019中国建筑新人赛TOP100新人奖

旧　的　记　忆　　　　　　　　　新　的　故　事

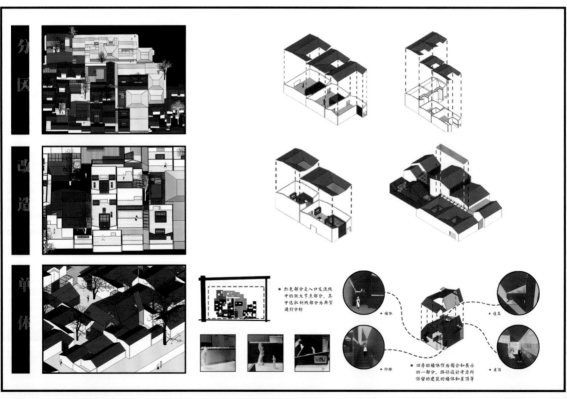

苏州大学金螳螂建筑学院建筑类设计人才教学实践及成果

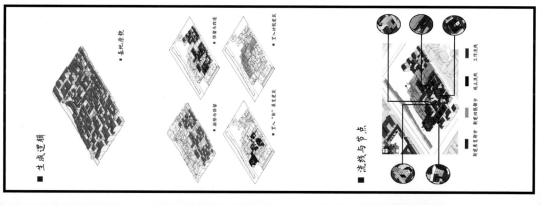

New Youth Community–Home!

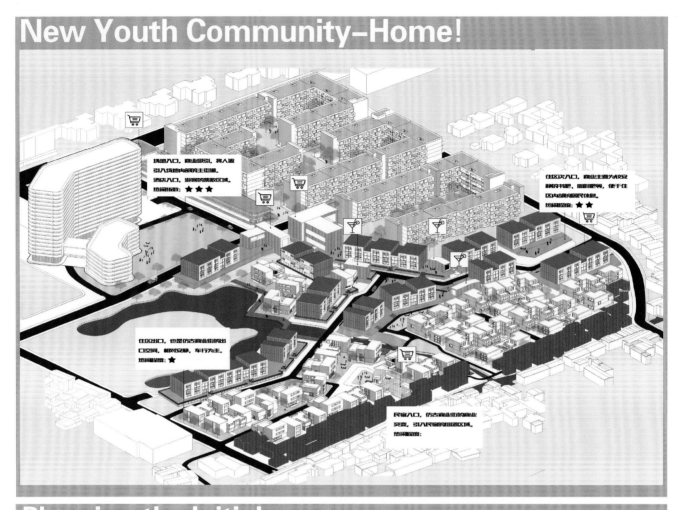

Planning the Initial

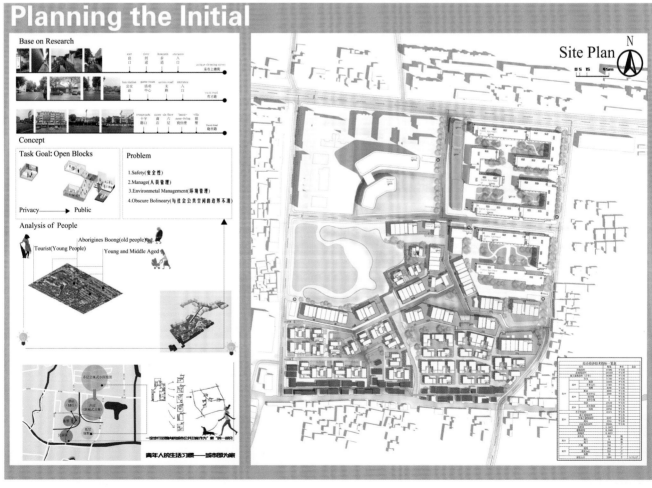

作品名称：新社区之家
学生姓名：毛继海　吴家妮
指导教师：张玲玲
所获奖项：2019第六届紫金奖·建筑及环境设计大赛三等奖

Young People's Daily Behaviors

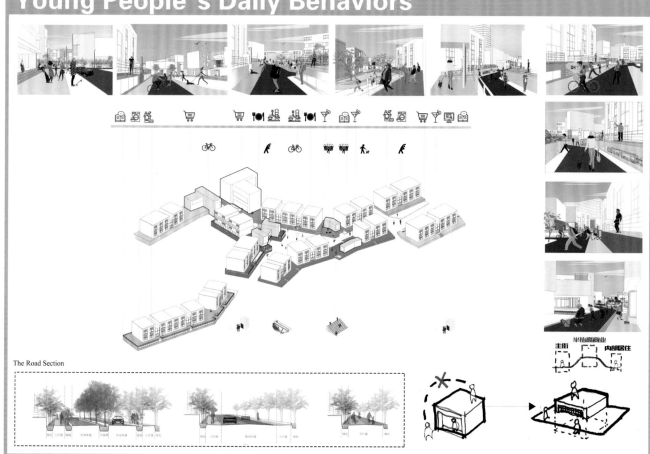

The Road Section

Residential Group Drawing

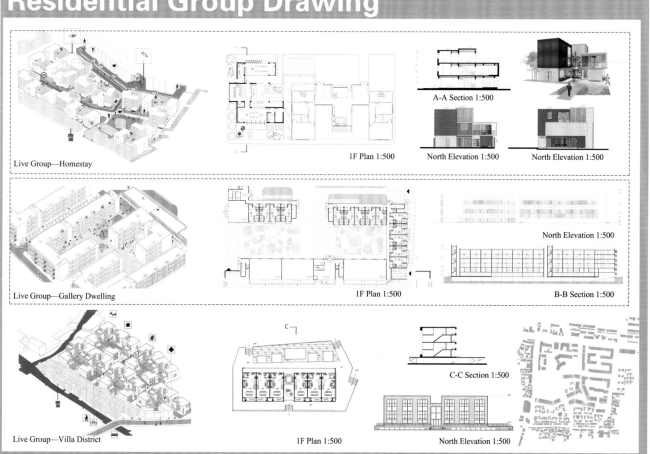

Live Group—Homestay

1F Plan 1:500

A-A Section 1:500

North Elevation 1:500

North Elevation 1:500

Live Group—Gallery Dwelling

1F Plan 1:500

North Elevation 1:500

B-B Section 1:500

Live Group—Villa District

1F Plan 1:500

C-C Section 1:500

North Elevation 1:500

中国养老背景

1、中国老龄化背景

目前,中国社会正处于老龄化的第一波高潮

2023—2036年,中国将迎来老龄化的第二波高潮

2045—2055年,中国将迎来老龄化的第三波高潮,达到社会老龄化的顶峰

2、家庭养老模式的变化

人口总数增数放缓

死亡率下降

出生率增速总体呈下降趋势

社会少子化程度严重,
导致子女赡养老人的压力越来越大

家庭养老向社会养老转变

社区养老 + 机构养老

医养结合的趋势增大

老人患病率高 优质医疗资源缺乏 养老机构医疗服务能力差

3、家庭养老的问题

不想离家 环境不熟悉 空间缺乏活力 经济压力大 养老床位位置

4、社会养老的问题

No.2京津冀城市群
常住人口约为8947.4万人
约占全国城市总常住人口的7.0%

No.1长三角城市群
常住人口约为15048.1万人
约占全国城市总常住人口的11.8%

No.3珠三角城市群
常住人口约为5763.4万人
约占全国城市总常住人口的4.5%

城市化进程导致我国空巢家庭越来越多

老人孤独感增强

养老设备不够完善

户外活动场所缺乏

5、老年人群分类

活力老人

介护老人

介助老人

临终老人

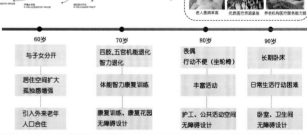

60岁	70岁	80岁	90岁
与子女分开	四肢、五官机能退化 智力退化	丧偶 行动不便(坐轮椅)	长期卧床
居住空间扩大 孤独感增强	体能智力康复训练	丰富活动	日常生活行动困难
引入外来老年人口合住	康复训练、康复花园 无障碍设计	护工、公共活动空间 无障碍设计	卧室、卫生间 无障碍设计

在城市化的进程中,城市老龄化问题日益严重,大量年轻人选择在城市中心生活打拼,老年人的生活环境日趋空巢化、失控化。现实的居住环境对老人来说是不宜居、不人性化的,如何通过改造现有建筑,改善功能、优化环境,为老年人创造宜居的生活家园是本方案想要探讨的问题。

场地分析

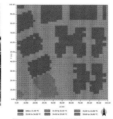

Figure 1: NewSimulation 15.00.01 23.06.2018

广州平均每小时气温

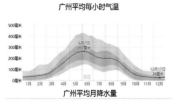

广州平均月降水量

场地ENVI气温分析

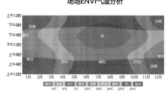

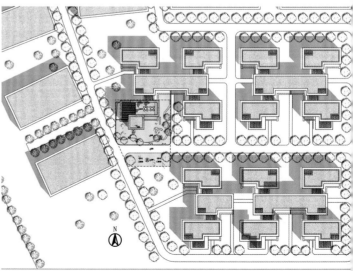

作品名称:社区养老空间住宅改造设计
学生姓名:潘 妍 孙 浩
指导教师:赵秀玲
所获奖项:2019第六届紫金奖·建筑及环境设计大赛二等奖

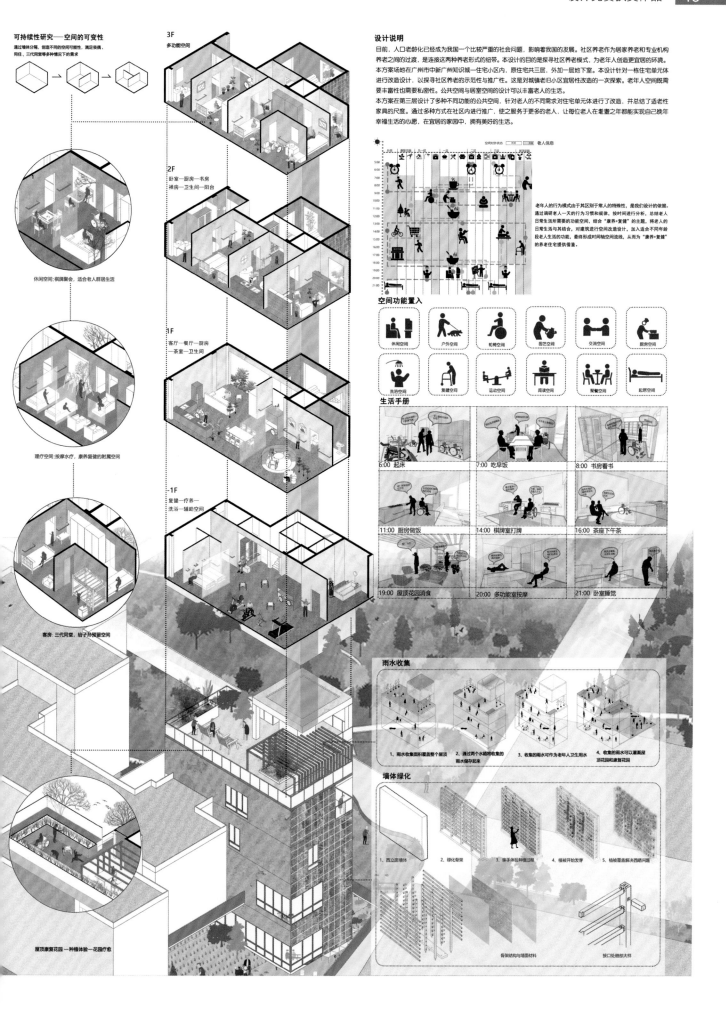

可持续性研究——空间的可变性

通过墙体分隔，创造不同的空间可能性，满足丧偶、同住、三代同堂等多种情况下的需求

休闲空间：棋牌聚会，适合老人群居生活

理疗空间：按摩水疗，康养复健的附属空间

客房：三代同堂，给子孙预留空间

屋顶康复花园——一种植体验—花园疗愈

3F
多功能空间

2F
卧室—厨房—书房
禅房—卫生间—阳台

1F
客厅—餐厅—厨房
茶室—卫生间

-1F
复健—疗养—
洗浴—辅助空间

设计说明

目前，人口老龄化已经成为我国一个比较严重的社会问题，影响着我国的发展。社区养老作为居家养老和专业机构养老之间的过渡，是连接这两种养老形式的纽带。本设计的目的是探寻社区养老模式，为老年人创造更宜居的环境。

本方案场地在广州市中新广州知识城一住宅小区内，原住宅共三层，外加一层地下室。本设计针对一栋住宅单元体进行改造设计，以探寻社区养老的示范性与推广性。这是对城镇老旧小区宜居性改造的一次探索。老年人空间既需要丰富性也需要私密性。公共空间与居室空间的设计可以丰富老人的生活。

本方案在第三层设计了多种不同功能的公共空间，针对老人的不同需求对住宅单元体进行了改造，并总结了适老性家具的尺度。通过多种方式在社区内进行推广，使之服务于更多的老人，让每位老人在耄耋之年都能实现自己晚年幸福生活的心愿，在宜居的家园中，拥有美好的生活。

老年人的行为模式由于其区别于常人的特殊性，是我们设计的依据。通过调研老人一天的行为习惯和起居，按时间进行分析，总结老人日常生活所需要的功能空间，结合"康养+复健"的主题，将老人的日常生活与其结合，对建筑进行空间改造设计，加入适合不同年龄段老人生活的功能，最终形成时间轴空间流线，从而为"康养+复健"的养老住宅提供借鉴。

空间功能置入

休闲空间　户外空间　轮椅空间　园艺空间　交流空间　厨房空间

洗浴空间　复健空间　运动空间　阅读空间　聚餐空间　起居空间

生活手册

6:00 起床	7:00 吃早饭	8:00 书房看书
11:00 厨房做饭	14:00 棋牌室打牌	16:00 茶室下午茶
19:00 屋顶花园消食	20:00 多功能室按摩	21:00 卧室睡觉

雨水收集

1、雨水收集面积覆盖整个屋顶
2、通过两个水箱构收集的雨水储存起来
3、收集的雨水可作为老年人卫生用水
4、收集的雨水可以灌溉屋顶花园和康复花园

墙体绿化

1、西立面墙体　2、绿化骨架　3、亲手体验种植过程　4、植被开始发芽　5、植被覆盖解决西晒问题

骨架结构与墙面材料　　接口处细部大样

宜居设计推广研究

住宅单元体的改造更新适应性研究的内涵是，针对不同的老年人群体，适应不同年龄阶层，适应不同居住人数，进行空间改造探索，融入"康养+复健"的医疗理念进行居家养老适应性研究

不同人群的推广性

单人
双人
多人
(6-8人)

社区养老推广性

住宅 → 社区

康复花园推广
1、五官感受的庭院空间
2、让参与者动手的园艺空间
3、行动不便者的友善环境
4、花园雨水收集

适老性室内设计推广
1、无障碍使用
2、无障碍交通
3、家具圆角处理
4、室内轮椅转向空间预留

建筑平面

负一层平面

三层多功能平面——PLAN B 三人住宿

屋顶康复花园

二层平面

三层多功能平面——Plan C 两人住宿

屋顶平面

三层多功能平面——Plan A 茶座棋牌

三层多功能平面——Plan D 水疗按摩区

一层及周围康复花园平面 ○

建筑立面

西立面

东立面

老人宜居设计推广手册（单位：mm）

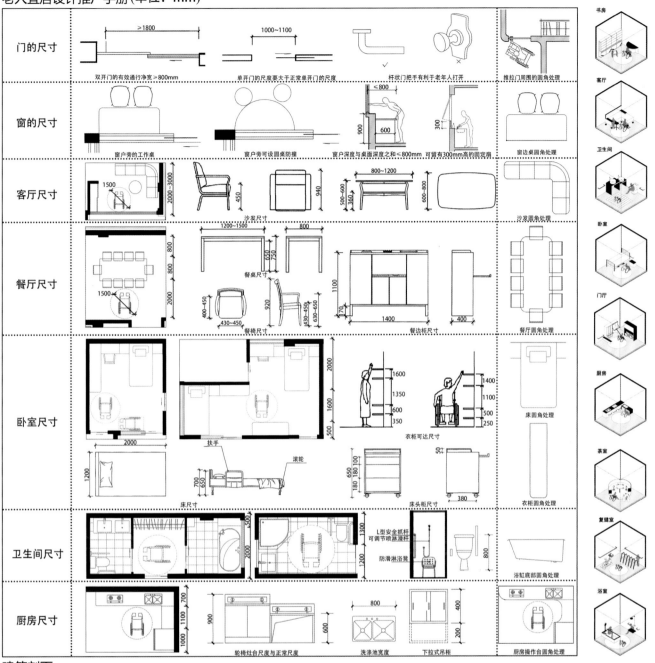

门的尺寸	≥1800　双开门的有效通行净宽＞800mm	1000~1100　单开门的尺度要大于正常单开门的尺度	杆状门把手有利于老年人打开	推拉门周围的圆角处理
窗的尺寸	窗户旁的工作桌	窗户旁可设圆桌防撞	＜800　900 600　窗户深度与桌面深度之和＜800mm 可留有300mm高的固定扇	窗边桌圆角处理
客厅尺寸	1500　2000~3000	450　沙发尺寸	800~1200　500~600 360　600~800　餐桌尺寸	沙发阴角处理
餐厅尺寸	800 800 2000　1500	1200~1500　800　650 750 920　430~450 630~650　400~450　餐桌尺寸 餐椅尺寸	1100　70　1400　400　餐边柜尺寸	餐厅圆角处理
卧室尺寸	2000　1200　床尺寸	2000 1600 500　扶手　700 650　滚轮	1600 1350 600 350　1400 1100 500 250　衣柜可达尺寸　650 180 180 100 380　床头柜尺寸	床圆角处理　衣柜圆角处理
卫生间尺寸		2000 1300 1200　L型安全抓杆 可调节喷淋滑杆 防滑淋浴凳	800　浴缸底部圆角处理	
厨房尺寸	700 1100 900 1000　轮椅灶台尺寸与正常尺度	900　600　洗涤池宽度	800　400 200　下拉式吊柜	厨房操作台圆角处理

右侧：书房、客厅、卫生间、卧室、门厅、厨房、茶室、复健室、浴室

建筑剖面

1-1剖面　　　　　2-2剖面

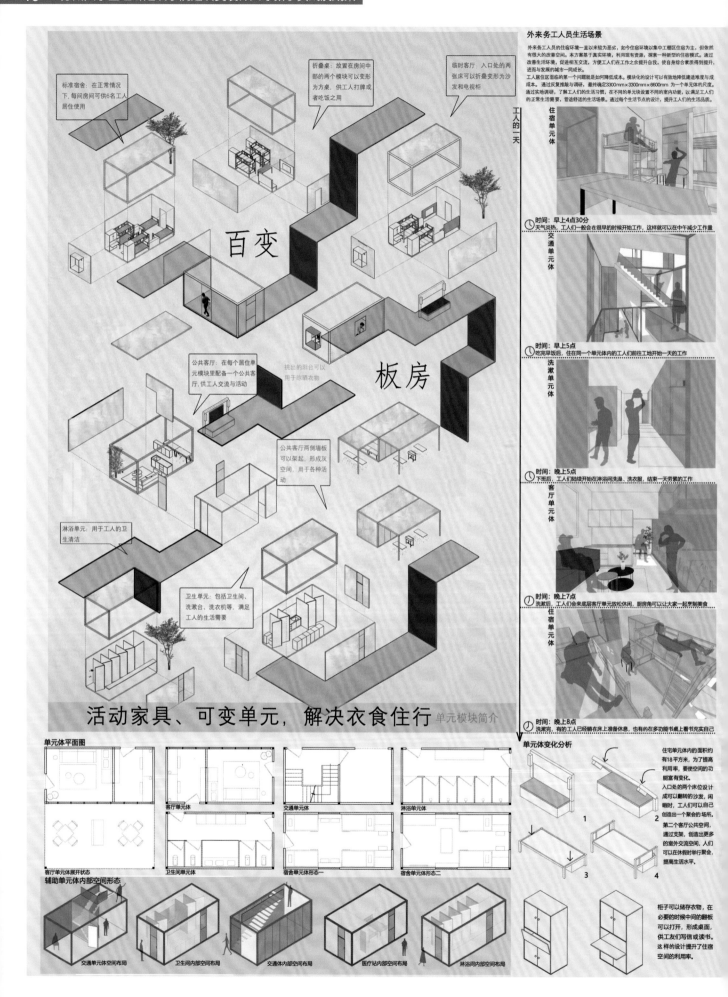

作品名称：百变板房——建筑工人的宜居家园
学生姓名：和昫 孙浩
指导教师：叶露
所获奖项：2019第六届紫金奖·建筑及环境设计大赛职业组二等奖

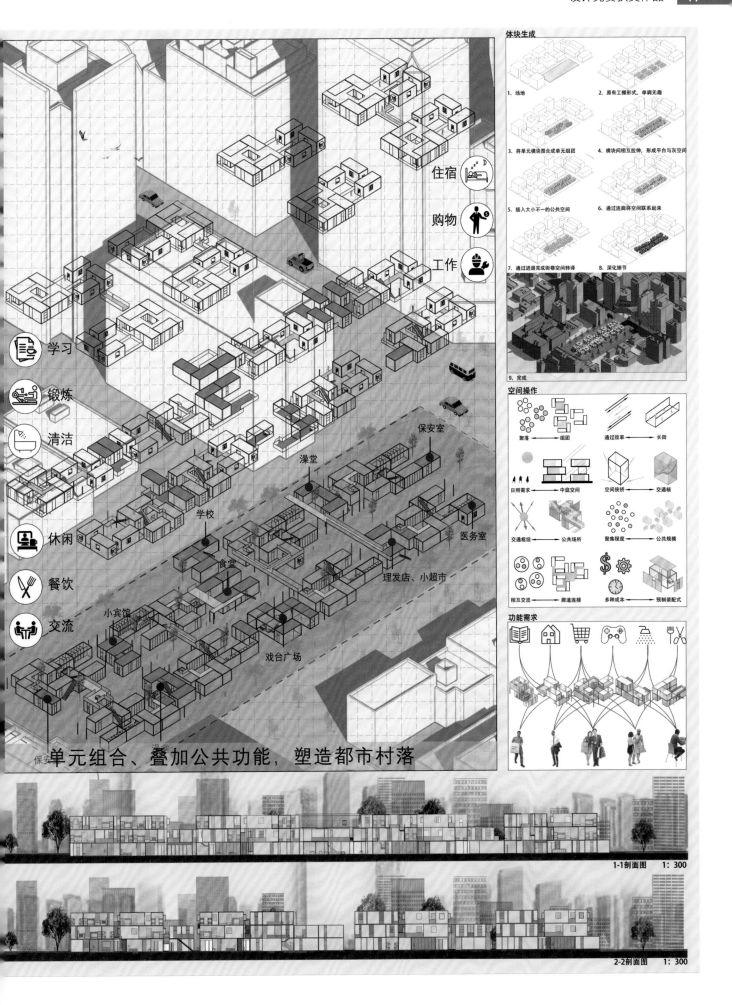

体块生成

1、场地　　　　　　　2、原有工棚形式，单调无趣

3、将单元模块围合成单元组团　4、模块间相互拉伸，形成平台与灰空间

5、插入大小不一的公共空间　6、通过连廊将空间联系起来

7、通过进退完成街巷空间转译　8、深化细节

9、完成

空间操作

聚落　组团　　　　通过效率　长街

日照需求　中庭空间　　空间挤压　交通核

交通枢纽　公共场所　　聚集程度　公共规模

相互交流　廊道连接　　多种成本　预制装配式

功能需求

住宿

购物

工作

学习

锻炼

清洁

休闲

餐饮

交流

保安室

澡堂

学校

食堂

小宾馆

医务室

理发店、小超市

戏台广场

保安

单元组合、叠加公共功能，塑造都市村落

1-1剖面图　1:300

2-2剖面图　1:300

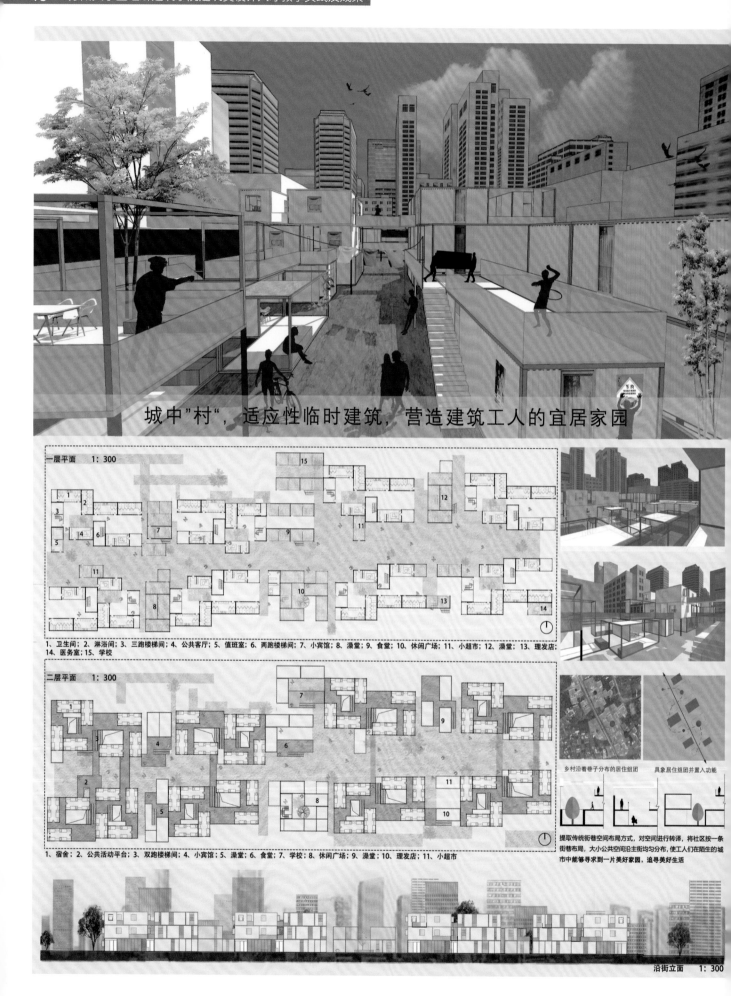

城中"村"，适应性临时建筑，营造建筑工人的宜居家园

一层平面   1:300

1、卫生间；2、淋浴间；3、三跑楼梯间；4、公共客厅；5、值班室；6、两跑楼梯间；7、小宾馆；8、澡堂；9、食堂；10、休闲广场；11、小超市；12、澡堂；13、理发店；14、医务室；15、学校

二层平面   1:300

1、宿舍；2、公共活动平台；3、双跑楼梯间；4、小宾馆；5、澡堂；6、食堂；7、学校；8、休闲广场；9、澡堂；10、理发店；11、小超市

乡村沿着巷子分布的居住组团   具象居住组团并置入功能

提取传统街巷空间布局方式，对空间进行转译，将社区按一条街巷布局，大小公共空间沿主街均匀分布，使工人们在陌生的城市中能够寻求到一片美好家园，追寻美好生活

沿街立面   1:300

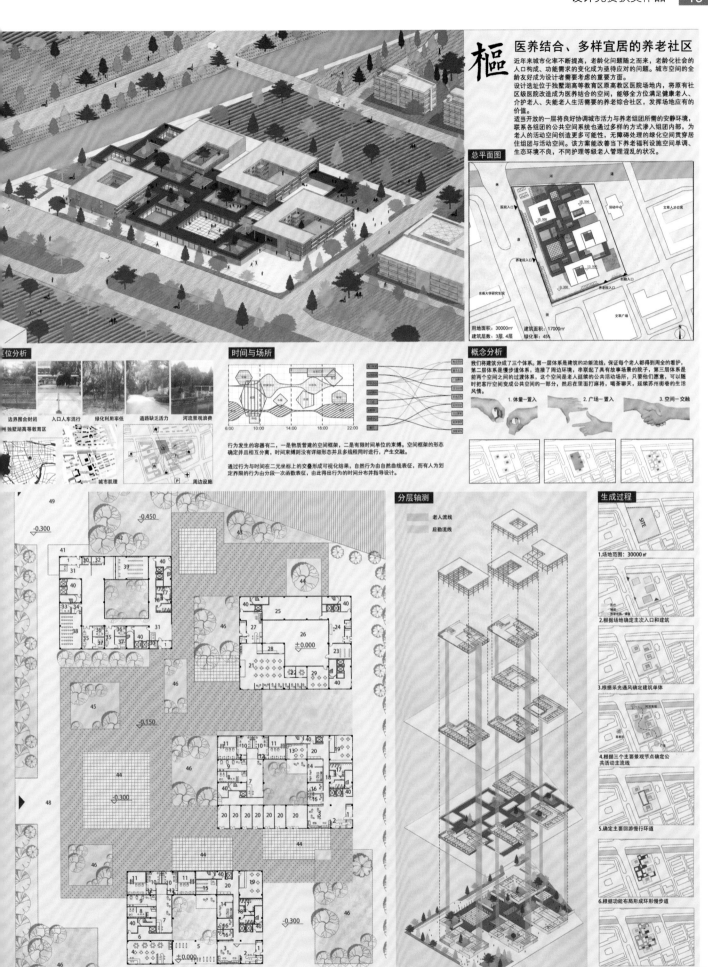

医养结合、多样宜居的养老社区

近年来城市化率不断提高，老龄化问题随之而来，老龄化社会的人口构成、功能需求的变化成为亟待应对的问题。城市空间的全龄友好成为设计者需要考虑的重要方面。

设计选址位于独墅湖高等教育区原高教区医院场地内，将原有社区级医院改造成为医养结合的空间，能够全方位满足健康老人、介护老人、失能老人生活需要的养老综合社区，发挥场地应有的价值。

适当开放的一层将良好协调城市活力与养老组团所需的安静环境，联系各组团的公共空间系统也通过多样的方式渗入组团内部，为老人的活动空间创造更多可能性，无障碍处理的绿化空间贯穿居住组团与活动空间。该方案能改善当下养老福利设施空间单调、生态环境不良，不同护理等级老人管理混乱的状况。

总平面图

用地面积：30000m²　建筑面积：17000m²
建筑层数：3层、4层　绿化率：45%

区位分析

边界围合封闭　入口人车混行　绿化利用率低　道路缺乏活力　河流景观浪费

城市肌理　周边设施

时间与场所

行为发生的容器有二，一是物质营建的空间框架，二是有限时间单位的束缚。空间框架的形态确定并且相互分离，时间束缚则没有详细形态并且多线程同时进行，产生交融。

通过行为与时间在二元坐标上的交叠形成可视化结果，自然行为由自然曲线表征，而有人为划定界限的行为由分段一次函数表征，由此得出行为的时间分布指导设计。

概念分析

我们将建筑分成了三个体系。第一层体系是建筑的功能流线，保证每个老人都得到周全的看护，第二层体系是慢步道体系，连接了周边环境，串联起了有故事场地的院子，第三层体系是前两个空间之间的过渡体系，这个空间是老人延续的公共活动场所，只要他们愿意，可以随时把客厅空间变成公共空间的一部分，然后在里面打麻将，喝茶聊天，延续苏州街巷的生活风情。

1. 体量置入　2. 广场置入　3. 空间—交融

分层轴测

老人流线
后勤流线

生成过程

SITE

1. 场地范围：30000m²

2. 根据场地确定主次入口和建筑

3. 根据采光通风确定建筑单体

4. 根据三个主要景观节点确定公共活动主流线

5. 确定主要回游慢行环道

6. 根据功能布局形成环形慢步道

7. 体块操作，形成私密性过渡空间，相互渗透

品名称：枢[1]——医养结合、多样宜居的养老社区
主姓名：胡峻语　沈梦帆
导教师：王洪羿
夫奖项：2019第六届紫金奖·建筑及环境设计大赛三等奖

① 设计者用繁体字"枢"表达养老社区的空间结构特色。

枢

1. 二层慢行系统与绿化以及组团内灰空间相交融。
2. 无障碍公共活动场地周围的风雨廊创造了全气候活动的条件，免受日晒雨淋。
3. 居住组团内的灰空间具有更高的领域性，给各个组团内的老人提供了更加方便、更具私密性的活动方式。

1 3
  2

二层平面图

三、四层平面图

医疗三层平面 1:500

1. 检验科
2. 等待区
3. 卫生间
4. 避难间
5. 清洗室
6. 慢性病科室
7. 放射科
8. 慢性病科室
9. 耳鼻喉科室
10. 皮肤科
11. 皮肤科室
12. 牙科
13. 骨科

三层平面 1:500

1. 避难间
2. 处置间
3. 老人居室
4. 公共浴室
5. 洗衣房
6. 更衣室
7. 居家型老人居室
8. 介护室
9. 公共起居厅
10. 互通阳台

养老设施三层平面 1:500

1. 避难间
2. 多功能活动室
3. 公共起居厅
4. 康复理疗角
5. 单人老人居室
6. 双人老人居室
7. 居家型老人居室
8. 介护室
9. 公共浴室
10. 更衣室
11. 洗衣房
12. 无障碍卫生间
13. 值班室
14. 互通阳台

养老设施四层平面 1:500

1. 避难间
2. 多功能活动室
3. 公共起居厅
4. 康复理疗角
5. 单身老人居室
6. 套房型老人居室
7. 公共浴室
8. 更衣室
9. 洗衣房
10. 无障碍卫生间
11. 值班室
12. 互通阳台
13. 半室外平台
14. 室外颐晒台

二层平面 1:500

1. 体检中心
2. 内科门诊
3. 外科门诊
4. 公共卫生间
5. 浴室
6. 避难间
7. 单人老人居室
8. 双人老人居室
9. 居家型老人居室
10. 公共起居厅
11. 消防室
12. 无障碍卫生间
13. 值班室
14. 洗衣房
15. 更衣室
16. 半室外活动区
17. 互通阳台
18. 顶层花园
19. 屋顶花园
20. 绿化岛
21. 室外连廊

组团内适老化布局

组团老人居室和起居厅满足采光要求

组团2满足采光的同时更加紧凑，方便照料

楼道间至各房门距离均小于24m

值班视线设计，可观察所有开放空间

以起居厅为核心形成方便的服务组团

室内形成观景回转流线，并与室外交融

多样化公共系统

1. 廊道上方——慢行空间
   Over the Corridor - Slow Walk

2. 廊道下方——室内公共灰空间
   Below the Corridor - Indoor Public Grey Space

3. 廊道与建筑——室内外过渡公共空间
   Corridor and Architecture: —Transitional Grey Space

4. 廊道围合——开放的集聚活动场所
   Corridor Enclosure-Open Place for Activities

剖面1-1

櫃 方案从人本角度出发，除了总体规划上的适老性设计以外，对于组团内老人的居住单元也进行了适老化设计和可变设计。

单人居室中卫生间和其他部分的尺寸满足轮椅回转半径、居室门开观察窗，在保证私密性的同时方便进行救护，互通阳台在提供最好的采光的同时能够保证危险情形下急救人员的进入。设置的小厨房和客厅同样可以满足会客的需求。

考虑到随着社会的发展，老年居室需要多种类型，如双人居室、重点看护的多人居室等，所以对居室进行可变设计处理。单人居室经过简单改造可成为双人居室，而联通两个单人居室并植入看护单元可变为多人居室，充分适应了社会发展的需要，也省去了随着老人身体变化需要改变居室位置的麻烦，老人可以在熟悉的环境中长期居住。

对于老年宜居生活所需的组团内公共空间，在满足轮椅回转半径的同时进行了视线的通透设计，并且在活动区域附近设计无障碍卫生间和医护人员办公室，方便老人及时得到照料。对洗衣房、浴室等服务空间中的流线进行了适老化考量，以减少老人在使用过程中的回转。浴室进行了特别设计，可换乘洗澡用轮椅或护理床进行洗浴，也就近设置无障碍卫生间，设置方便老人抓握的护栏和防滑垫等。

单体分析

单人居室

双人居室

套房居室

单人居室
居住对象：单身老人
生活模式：可以自理（包含无障碍设计）
套内建筑面积：49.5m²
套型特点：设置了简易小厨房、带淋浴设施的无障碍卫生间和18m²的起居空间。在满足基本生活需求的基础上，设置了电视柜、书桌以及互通阳台上的休闲空间。沙发床和壁橱之间的起居室设计满足会客需求。推拉门和双窗保证增强采光量和对视觉的容量。为防止老年人的浴室老人室设置细腻平坦、卧室、起居厅和卫生间均满足轮椅回转。

双人居室
居住对象：支付能力一般或共同养老的两位老人
生活模式：可以自理
套内面积：49.5m²
套型特点：由单身居室简单改造而来，取消了起居空间，加入两张单人床，家具布置和空间的排布大大重置了公平性。床与床之间取消明格的窗户以保证采光敏性，也可以将单人床拼合成双人床。

套房居室
居住对象：支付能力强或共同养老的两位老人
生活模式：可以自理（包含无障碍设计）
套内面积：65.3m²
套型特点：在单人居室的基础上，起居室和卧室的划分更加明确，形成较好的动静分区，增加了餐厅，以及更大的阳台，让生活品质感，同时能够满足必要的探视和会客的需求。

公共起居厅

洗浴室

多人套间

公共起居厅
使用对象：一个护理组团内的老人
面积：100m²左右
套型布置：包含服务台、值班室、公共餐厅、公共卫浴所、健身房，以及一个为硬老人使用的无障碍卫生间。公共起居厅布置创设通透、并且服务台边设置了餐厅等休憩创设的空间，在保证服务台视线通透的同时，老年人能更容易得到公共性的起居活动，以促进老人之间的交流。为防止老人居住过程中逐渐逝，运用了适老化设计，满足轮椅回转半径，并且设置了丰富健身角。

洗浴室
使用对象：组团内老人
面积：48.5m²左右
套型布置：设置了满足无障碍设计的淋浴和盆浴间。为老年人设置了专用的洗浴床，并且洗浴设施和坐区域都提供了方便照料人员操作的空间。考虑到老人不宜安坐，在更衣室增设了方便老人收于身体的设施床利于充分的更换。洗衣房设置在浴室前端，方便老人使用和服务人员整理。

多人套间
住用对象：需要照顾的2~4位老人
生活模式：需要照顾或半自理
套内面积：99m²
套型特点：遵循可变设计原则，由单人间或双人间合并而来。每两户居室中间相邻两间套的卫生间打通并设立看护室，为两侧居室提供服务。套型内设立观察窗以达到同时对两侧病床服务相互关照。部分公共空间和私人空间，在保证私密性的同时灵活了用料，也降低了翻新改造的成本，便于随养老院的发展进行调整。

色彩和家具

色彩
使用材质的色彩以淡雅自然为主。天然材料本身具有的自然色，以原真、朴实、柔和的特点，帮助老年人收获平和的心境，有益于身心健康。

家具
1.沙发：座位不宜过低，带枕头，但不宜过于柔软。
2.椅凳：带靠背，以托住人体脊柱，减轻劳累。靠背板和椅面宽度适中。
3.床具：高度适中，选择木板床，硬床垫，床品选择全棉等天然材料。
4.卫浴家具：操作简单，安装扶手，做好加固措施。

室内效果图

公共起居厅

廊道

公共餐厅

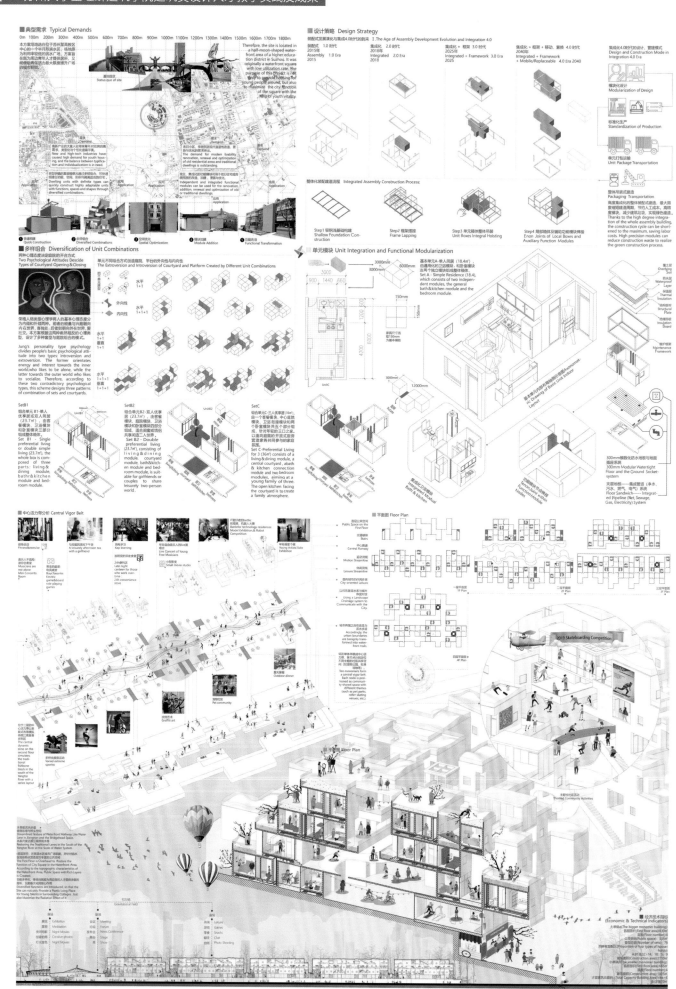

作品名称：月亮湾·游子家
学生姓名：赵萍萍　郭开慧
指导教师：吴永发
所获奖项：2019第六届紫金奖·建筑及环境设计大赛二等奖

月记湾·游子家
Moon Bay · Residing Bay

未来·城市青年聚落
Urban Youth Settlement
Future

'Great ambition, but shabby shelter'
'Back home alone, while sleeping with a cold lamp and the moon lonely'
This is the anxious and lonely youth of all the young strengeists.
As strangers, they ache to set their fortunes
in the daytime, they show excellent performance in work.
However, at night, they can't help feeling lonely and homesick.
As strangers, they are like boats in strange cities unable to find harbors.
With the same ambition, they never had the opportunity to meet each other.
They also need a place for homesickness.
Two or three confidants! Whoops!
a knight moon! A lonely lamp!

问题引入 Problems Introduction
需求 Demand
问题 Problem

需求——短租私寓单居
Demand——Short-rented PrivateSimple Home
问题——应考期期长，休息和复习周期长，缺乏私人空间
Problem——Preparation is a period, and timetable is difficult to be large. But it's good to have a relaxed office area at home.

需求——家用办公区
Demand——Household Office Area
问题——每日类疲劳累，很不在意，家里有个轻松的办公室多好
Problem——We can hardly bear daily fatigue. The house doesn't have to be large. But it's good to have a relaxed office area at home.

需求——邻近学校的短租房屋
Demand——Short-rented Simple Residence Near Colleges
问题——学校不供伙食，附近租金贵，住得远太浪费工作学习
Problem——Schools don't provide accommodation.Rent in this district is expensive. It's difficult to balance heavy work and study.

需求——两室优质的两室房
Demand——Two-bedroom House High-quality Community
问题——想让孩子上周边小学，离工作学校近，上下班接送方便
Problem——We wanna let the children go to elementary school here, close to the college where we work, easy to pick up and deliver.

需求——精简性活的经济适用房
Simplified Huxing & Cozy Affordable Housing
问题——国家一般500万元，不吃不喝油漆工作10年只能买个厕所
Problem——We may only afford a house worthing 5 million if we don't eat or drink and work all day and night for 10 years.

Residential Design as Urban Catalyst
城市催化剂·活力居住区
Reorientation of Space and Redisplay of Culture with Multi-activity as Catalyst
以多元活动为触媒
空间再定向与文化再展现

以振兴城镇活力为目标，以织补理论和城市触媒理论为理论基础，以织补和修复的方式，把公共建筑作为点触媒，综合考虑原有城市肌理和现代生活诉求。一方面，通过历史肌理和现代肌理的织补、过渡，提升其作为角直古镇的附属地块价值，丰富街区文化内涵；另一方面，通过置入更现代的活动模式和多义性的以公共建筑为代表的公共空间，试图对城市机能进行修复和更新，以提升街区活力，服务于当地工商业和住户，改善城市形象和街区面貌。我们尊重城市的历史肌理和现代城市景观，强化街区与周边区域的连接，积极保护、利用原有的生活记忆。通过肌理织补、空间重构、业态复兴等，综合修复并建立疏密有致，集商用、住宅、办公、休闲、旅游于一体的新型居住区规划。

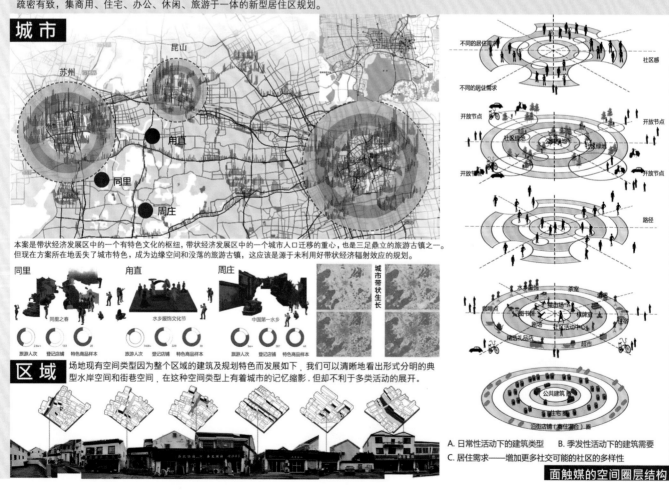

城市

苏州 昆山
角直
同里
周庄

本案是带状经济发展区中的一个有特色文化的枢纽，带状经济发展区中的一个城市人口迁移的重心，也是三足鼎立的旅游古镇之一。但现在方案所在地丢失了城市特色，成为边缘空间和没落的旅游古镇，这应该是源于未利用好带状经济辐射效应的规划。

同里 角直 周庄
同里之春 水乡服饰文化节 中国第一水乡
旅游人次 登记店铺 特色商品样本

城市带状生长

区域
场地现有空间类型因为整个区域的建筑及规划特色而发展如下，我们可以清晰地看出形式分明的典型水岸空间和街巷空间，在这种空间类型上有着城市的记忆缩影，但却不利于多类活动的展开。

不同的居住需求 社区感
不同的居住需求
开放节点 社区绿地 绿地 开放节点
开放节点 开放节点
路径
水乡服饰 茶室
咖啡点 酒吧
图书馆 棋牌室
广场 社区活动中心 超市
旅游礼品店 公共建筑

A. 日常性活动下的建筑类型   B. 季发性活动下的建筑需要
C. 居住需求——增加更多社交可能的社区的多样性

面触媒的空间圈层结构

作品名称：城市催化剂——活力居住区
学生姓名：张馨元 江慧敏
指导教师：孙磊磊
所获奖项：2019第六届紫金奖·建筑及环境设计大赛三等奖

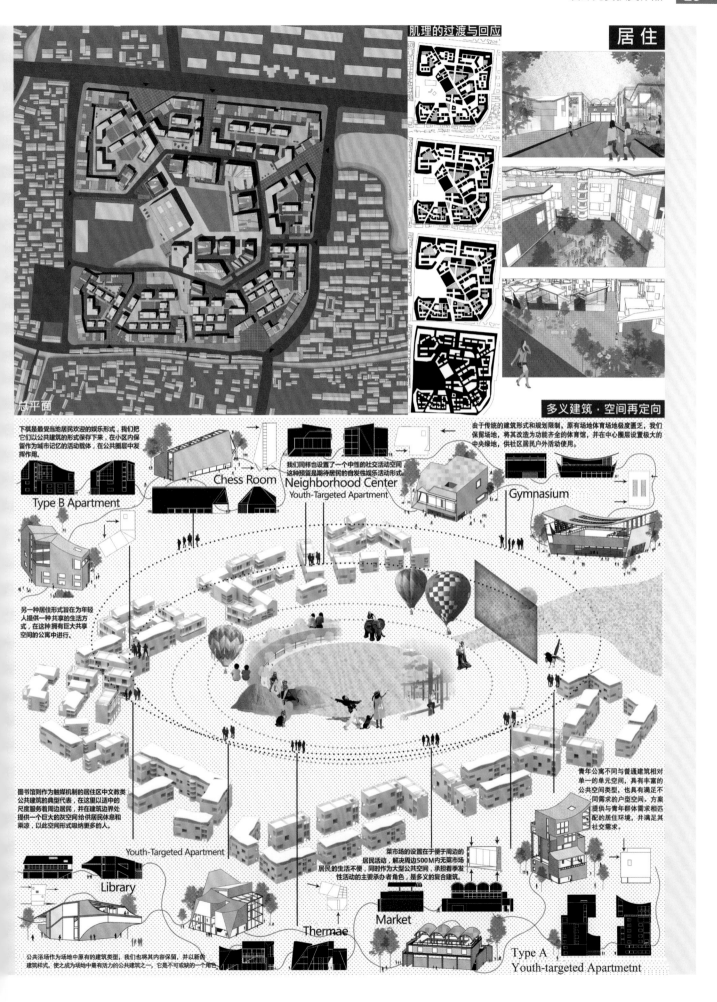

肌理的过渡与回应

居住

多义建筑·空间再定向

总平面

下棋是最受当地居民欢迎的娱乐形式，我们把它们以公共建筑的形式保存下来，在小区内保留作为城市记忆的活动载体，在公共圈层中发挥作用。

由于传统的建筑形式和规划限制，原有场地体育场地极度匮乏，我们保留场地，将其改造为功能齐全的体育馆，并在中心圈层设置极大的中央绿地，供社区居民户外活动使用。

我们同样也设置了一个中性的社交活动空间，这种预留是期待居民的自发性娱乐活动形式。

Chess Room

Neighborhood Center
Youth-Targeted Apartment

Gymnasium

Type B Apartment

另一种居住形式旨在为年轻人提供一种共享的生活方式，在这种拥有巨大共享空间的公寓中进行。

青年公寓不同与普通建筑相对单一的单元空间，具有丰富的公共空间类型，也具有满足不同需求的户型空间，方案提供与青年群体需求相匹配的居住环境，并满足其社交需求。

图书馆则作为触媒机制的居住区中文教类公共建筑的典型代表，在这里以适中的尺度服务着周边居民，并在建筑边界处提供一个巨大的灰空间给供居民休息和乘凉，以此空间形式吸引更多的人。

Youth-Targeted Apartment

菜市场的设置在于便于周边的居民活动，解决周边500M内无菜市场居民的生活不便，同时作为大型公共空间，承担着季发性活动的主要承办者角色，是多义的复合建筑。

Library

Thermae

Market

Type A
Youth-targeted Apartmetnt

公共浴场作为场地中原有的建筑类型，我们也将其内容保留，并以新的建筑样式，使之成为场地中最有活力的公共建筑之一，它是不可或缺的一个角色。

整体背景分析

本项目的基本选择背景确定在中国，一个处于快速发展期的国家。

经济的腾飞使得基础设施建设的需求加大，故而中国的高速公路建设未曾停歇。

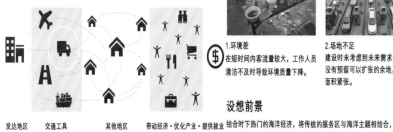

| 发达地区 | 交通工具 | 其他地区 | 带动经济·优化产业·提供就业 |

由于各个地区的发展状况各有不同，故而交通在各个地区的交流中有着重要作用。国家高速公路网具有支撑经济发展、推动社会进步、保障国家安全、服务可持续发展等重要作用，是国家意志在交通运输领域的具体体现。

国家	总长(千米)	时间
中国	142 600	2018年
美国	108 394	2017年
西班牙	17 109	2016年
加拿大	17 000	2013年
德国	13 009	2018年
法国	11 882	2013年
巴西	11 000	2013年
日本	8 050	2012年
意大利	6 758	2013年
墨西哥	4 198	2016年

近年世界高速公路总公里数排行

446.39 (2014) 457.73 (2015) 469.52 (2016) 477.35 (2017) 484.65 (2018)
■万千米

近年全国公路总里程

千米/百平方千米

全国公路密度

除去传统的高速公路外，科学与技术的发展使高速公路具有了更多的可能性。
令人不可忽视的一点便是当下跨海大桥的发展情况。
大桥的长度在不断延长，中国在这方面取得了骄人的成绩，拥有全球领先的技术，并期望能够在未来建设更多的大桥。

名称	总长(千米)	国家	名称	总长(千米)	国家
港珠澳大桥	55	中国	东海大桥	32.5	中国
濑户大桥	37.3	日本	法赫德国王大桥	25	巴林－沙特
切萨皮克湾大桥	37	美国	金塘大桥	21.02	中国
青岛海湾大桥	36.48	中国	大贝尔特桥	17.5	丹麦
杭州湾跨海大桥	35.67	中国	厄勒海峡大桥	16	丹麦－瑞典

世界十大跨海大桥排行（2019年）

现有情况

服务站是城市之间相互联系的前线，它给了人们在旅途中短暂休息的空间。
尽管高速公路的建设在不断推进，我们仍在生活中有不好的体验。
在未来，随着道路的进一步建设，其对车辆的驾驶将更为友好，而相应的配套设施不足则是一个不可忽视的问题。

1.环境差
在短时间内客流量较大，工作人员清洁不及时导致环境质量下降。

2.场地不足
建设时对未来需求的增长，没有预留可以扩张的余地，造成面积紧张。

3.物价高
难以靠基础的服务盈利，依赖贩售的商品导致物价过高，消费体验差。

设想前景

结合时下热门的海洋经济，将传统的服务区与海洋主题相结合，运用其交通运输的便利条件，打造综合性交通枢纽。

| 海洋 | 高速公路 | 服务区 | 旅游业 | 加油站 |

听说大桥那里新建了一个服务区，风景也不错，这次送货经过可得感受一下。

今年年假自驾游的途中有个地方可以休息，还有很多项目，我已经预订好要去那里了。

功能配置

经济： 配置可持续发展的盈利产业，完善相关配置。

友善： 从宜居的角度出发，建立一个以人为本的空间。

将功能配比进行再分配，将重点放在能够产生利润的附加功能上方面。

基本功能 30%
附加功能 70%

| 维修 | 餐饮 | 加油 |
| 钓鱼 | 科研 | 购物 | 住宿 | 展览 |

在满足加油、停车及饮食的基本需求基础之上，将更多空间留给与海洋、与旅游业结合的相关活动，吸引更多游客前往，扭转加油站大多亏本的局面，实现可持续性经营。

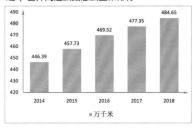

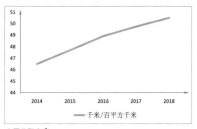

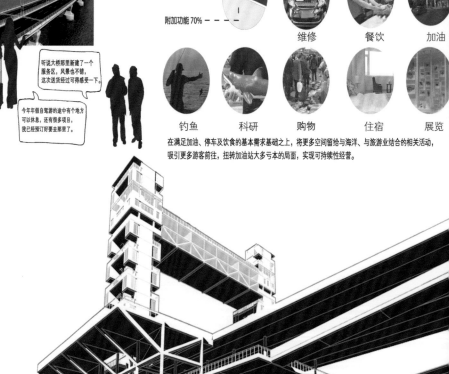

作品名称：舟车不劳顿——装配式服务区构想
学生姓名：郭斯琦
指导教师：Hisham Youssef
所获奖项：2019第六届紫金奖·建筑及环境设计大赛银奖

区域选址范例:

经济文化交融之处

一个好的运营模式可以在得到
验证之后在大范围内进行推广。
本选址选择在港珠澳大桥
——交流、理解、共赢。

前期

1983　提出兴建连接香港特区与珠海的
伶仃洋大桥

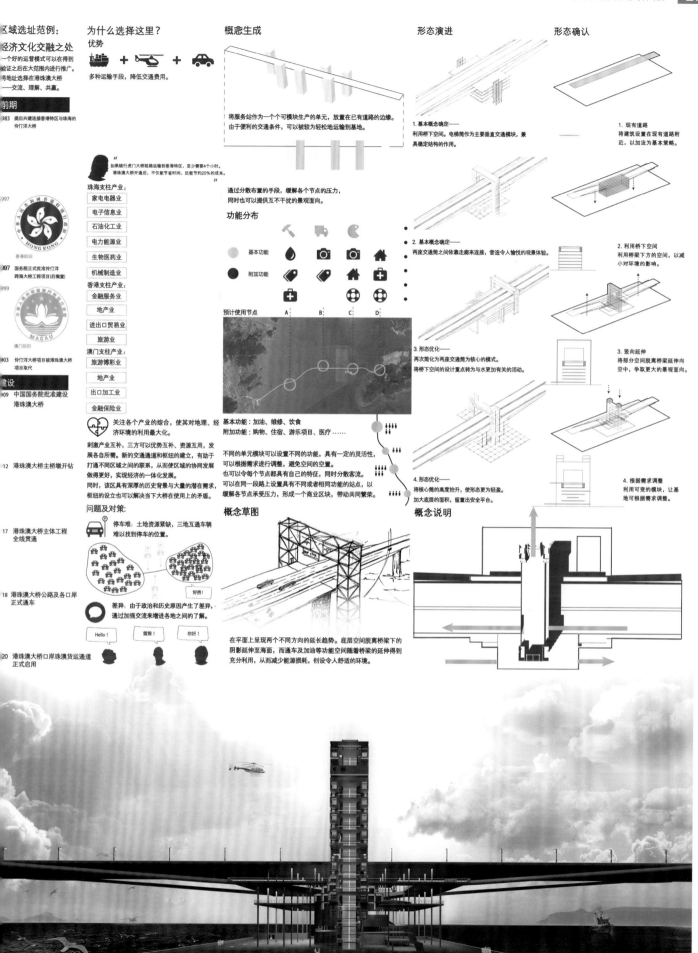

为什么选择这里?

优势

多种运输手段,降低交通费用。

"如果绕行虎门大桥陆路运输到香港特区,至少需要4个小时。
港珠澳大桥开通后,不仅能节省时间,还能节约20%的成本。"

珠海支柱产业:
家电电器业
电子信息业
石油化工业
电力能源业
生物医药业
机械制造业

香港支柱产业:
金融服务业
地产业
进出口贸易业
旅游业

澳门支柱产业:
旅游博彩业
地产业
出口加工业
金融保险业

关注各个产业的综合,使其对地理、经济环境的利用最大化。

刺激产业互补,三方可以优势互补、资源共用,发展各自所需。新的交通通道和枢纽的建立,有助于打通不同区域之间的联系,从而使区域的协同发展做得更好,实现经济的一体化发展。
同时,该地区具有深厚的历史背景与大量的潜在需求,新站点的设立立足可以解决当下大桥在使用上的矛盾。

问题及对策

停车难:土地资源紧缺,三地互通车辆难以找到停车的位置。

好停!

差异:由于政治和历史原因产生了差异,通过加强交流来增进各地之间的了解。

Hello!　雷猴!　你好!

1997　香港回归
1997　国务院正式批准伶仃洋跨海大桥工程项目(后搁置)
1999　澳门回归
2003　伶仃洋大桥项目被港珠澳大桥项目取代

建设

2009　中国国务院批准建设港珠澳大桥
2012　港珠澳大桥主体墩开钻
2017　港珠澳大桥主体工程全线贯通
2018　港珠澳大桥公路及各口岸正式通车
2020　港珠澳大桥口岸珠澳货运通道正式启用

概念生成

将服务站作为一个个可模块生产的单元,放置在已有道路的边缘。由于便利的交通条件,可以被较为轻松地运输到基地。

通过分散布置的手段,缓解各个节点的压力,同时也可以提供互不干扰的景观面向。

功能分布

基本功能
附加功能

预计使用节点　A　B　C　D

基本功能:加油、维修、饮食
附加功能:购物、住宿、游乐项目、医疗……

不同的单元模块可以设置不同的功能,具有一定的灵活性,可以根据需求进行调整,避免空间的空置。
也可以令每个节点都具有自己的特征,同时分散客流。
可以在同一段路上设置具有不同或者相同功能的站点,以缓解各节点承受压力,形成一个商业区块,带动共同繁荣。

概念草图

在平面上呈现两个不同方向的延长趋势。底层空间脱离桥梁下的阴影延伸至海面,而通车及加油等功能空间随着桥梁的延伸得到充分利用,从而减少能源损耗,创设令人舒适的环境。

形态演进

1. 基本概念确定——
利用桥下空间。电梯筒作为主要垂直交通模块,兼具稳定结构的作用。

2. 基本概念确定——
两座交通筒之间依靠走廊来连接,营造令人愉悦的观景体验。

3. 形态优化——
再次简化为两座交通筒为核心的模式。将桥下空间的设计重点转为与水更加有关的活动。

4. 形态优化——
将核心筒的高度抬升,使形态更为轻盈。加大底层的面积,留置出安全平台。

形态确认

1. 现有道路
将建筑设置在现有道路附近,以加法为基本策略。

2. 利用桥下空间
利用桥梁下方的空间,以减小对环境的影响。

3. 竖向延伸
将部分空间脱离桥梁延伸向空中,争取更大的景观面向。

4. 根据需求调整
利用可变的模块,让基地根据需求调整。

概念说明

空间分布

旅馆内部空间示意
采用模数化设计的概念，每个旅馆空间均为2.4mx6m的模块，可批量生产从而降低费用，且便于运输。

住宿区

交通区域

停车示意
双向的流线使车辆在行驶时不会互相影响造成干扰。

娱乐空间示意
此处的空间可供餐饮、购物、娱乐之用，允许人们在一个敞开的，可以与海洋亲密接触的空间活动，以强化"海洋"这一主题的吸引力。

水下观景空间示意

绿能运用

尽量减少建筑对环境的影响，利用周边自然条件作为建筑功能。

1.外立面多用太阳能板覆盖，同时建筑周边无遮挡，可使能源利用最大化。

2.设置海水淡化装置，保证建筑中人群的生活用水。

3.利用处于海洋中的优势，利用海洋中丰富的能源——海洋能，探索未被广泛使用的能源。

内部公共空间

空中连廊①

多功能娱乐空间②

创造视觉效果多样化的公共空间，吸引人们前往及停留。

外部公共空间

充分利用海平面之上的空间，尽可能地为人们创造能够进行活动的空间。基于模数化的空间配置，通过悬挑、退缩等手法，创造不同的空间体验。

特色产业构思

赏鱼、捕鱼、养殖，拉近城市中人与海洋产业之间的距离。

提供钓鱼等娱乐活动。

可作为船只停泊的区域，提供休闲旅游项目，或是作为游客中转的休息站。

新鲜捕来的鱼可作为食材。也可作为吸引游客的一个亮点。

捕鱼季可以开设海鲜市场，休渔期可以营水上项目，收入增加了！

在这儿住上一天，可以吃到自己亲手捕的鱼，可以和船只一块出海，不负此行！

新鲜的食材做出来的食品，客人吃得放心，我们也开心！

文化资源保护

南海航线，又称"南海丝绸之路"，起点主要是广州和泉州。先秦时期，岭南先民在南海乃至南太平洋沿岸及其岛屿上开始了以瓷器为纽带的交易。

习近平总书记基于历史，提出了"21世纪海上丝绸之路"的战略构想。本设计着眼于中国与东盟建立战略伙伴关系10周年这一新的历史起点，立足于海上丝绸之路的历史记忆承载物——瓷器与茶叶，设立专门展区，展示相关文化礼品，结合当地的民族工艺，营造具有文化气息和民族特色的氛围，以进一步深化中国与东盟国家的合作，构建更加紧密的命运共同体。

历史　　　　现状　　　　规划　　　　未来

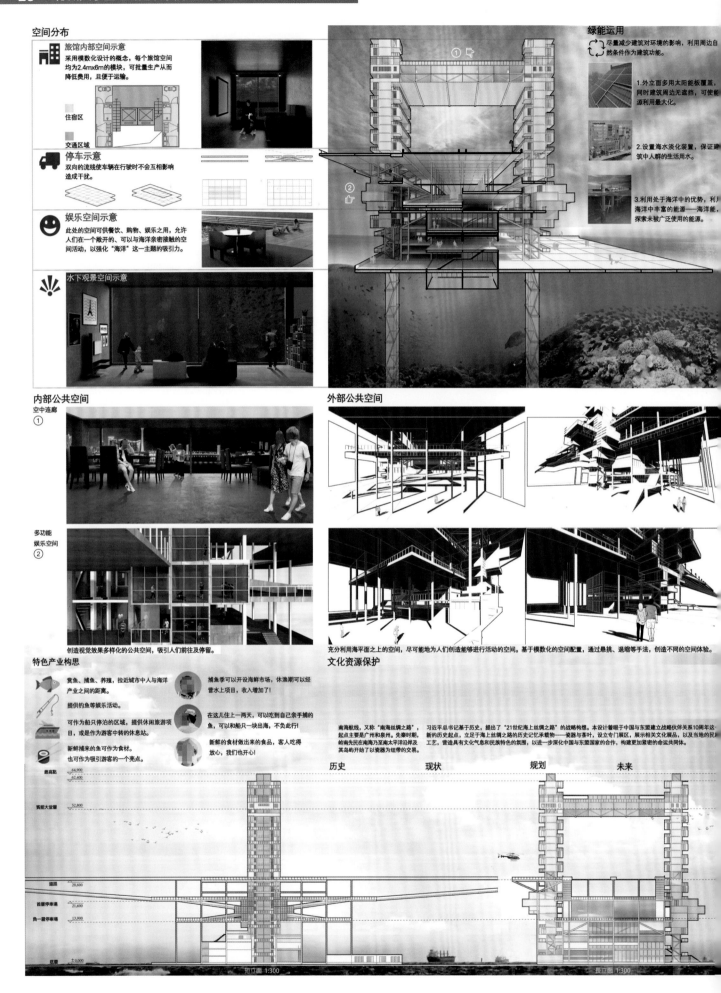

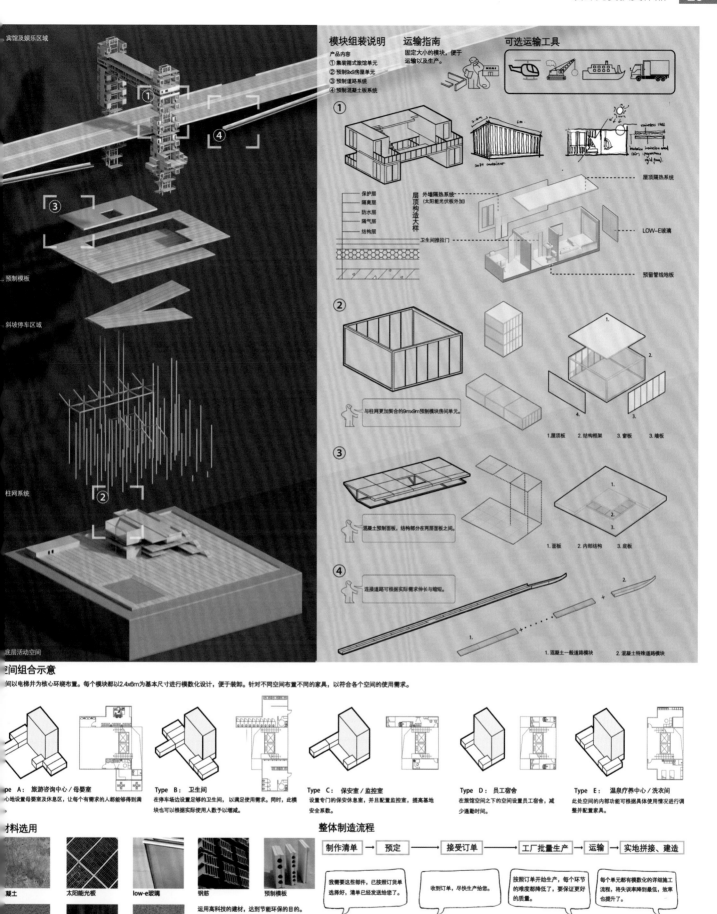

模块组装说明　运输指南　可选运输工具

固定大小的模块，便于运输以及生产。

产品内容
①集装箱式旅馆单元
②预制9x9房屋单元
③预制道路系统
④预制混凝土板系统

层顶构造大样
保护层
隔离层
防水层
隔气层
结构层

屋顶隔热系统
外墙隔热系统（太阳能光伏板外加）
卫生间推拉门
LOW-E玻璃
预留管线地板

② 与柱网更加契合的9mx9m预制模块房间单元。
1.屋顶板　2.结构框架　3.窗板　3.墙板

③ 混凝土预制面板，结构部分在两层面板之间。
1.面板　2.内部结构　3.底板

④ 连接道路可根据实际需求伸长与缩短。
1.混凝土一般道路模块　2.混凝土特殊道路模块

间组合示意

间以电梯井为核心环绕布置。每个模块都以2.4x6m为基本尺寸进行模数化设计，便于装卸。针对不同空间布置不同的家具，以符合各个空间的使用需求。

Type A：旅游咨询中心／母婴室
心地设置母婴室及休息区，让每个有需求的人都能够得到满

Type B：卫生间
在停车场边设置足够的卫生间，以满足使用需求。同时，此模块也可以根据实际使用人数而增减。

Type C：保安室／监控室
设置专门的保安休息室，并且配置监控室，提高基地安全系数。

Type D：员工宿舍
在旅馆空间之下的空间设置员工宿舍，减少通勤时间。

Type E：温泉疗养中心／洗衣间
此处空间的内部功能可根据具体使用情况进行调整并配置家具。

材料选用

凝土　太阳能光板　low-e玻璃　钢筋　预制模板

凝土　木材　地毯

运用高科技的建材，达到节能环保的目的。

同时，此类材料可以就近制造，通过多种交通方式便捷地运输到建筑用地。

同时，也使用一些可以带来温馨感的材料，带来舒适的居住体验。

整体制造流程

制作清单 → 预定 → 接受订单 → 工厂批量生产 → 运输 → 实地拼接、建造

我需要这些部件，已按照订货单选择好，清单已经发送给您了。

收到订单，尽快生产给您。

按照订单开始生产，每个环节的难度都降低了，要保证更好的质量。

每个单元都有模数化的详细施工流程，将失误率降到最低，效率也提升了。

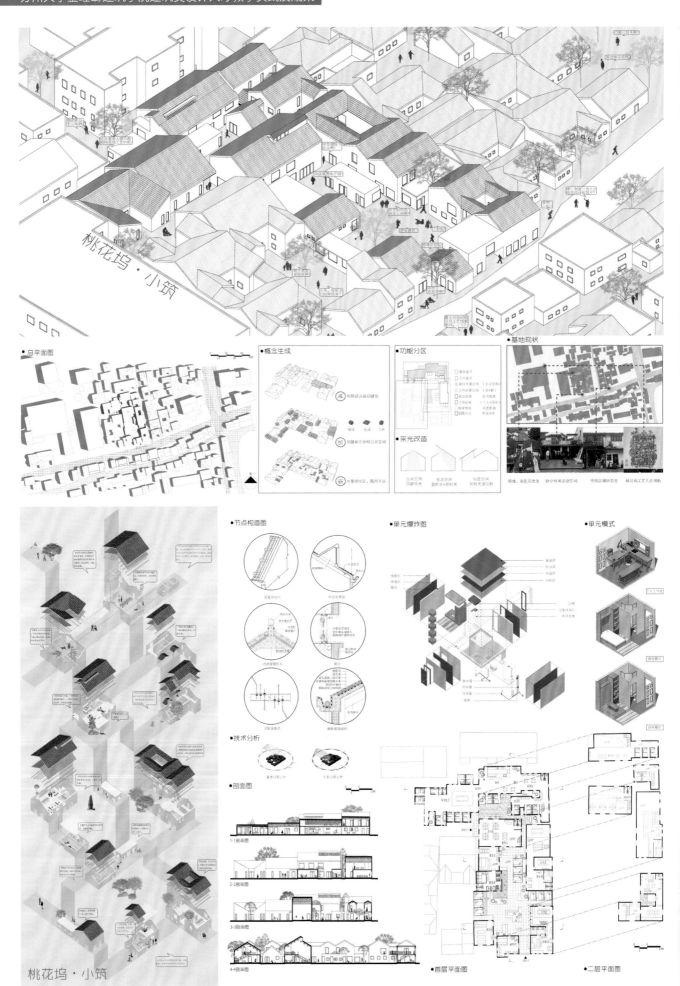

作品名称：桃花坞·小筑
学生姓名：杨佩文 陈倩倩 黄淳欣
指导教师：张 靓
所获奖项：2018谷雨杯全国大学生可持续建筑设计竞赛入围奖

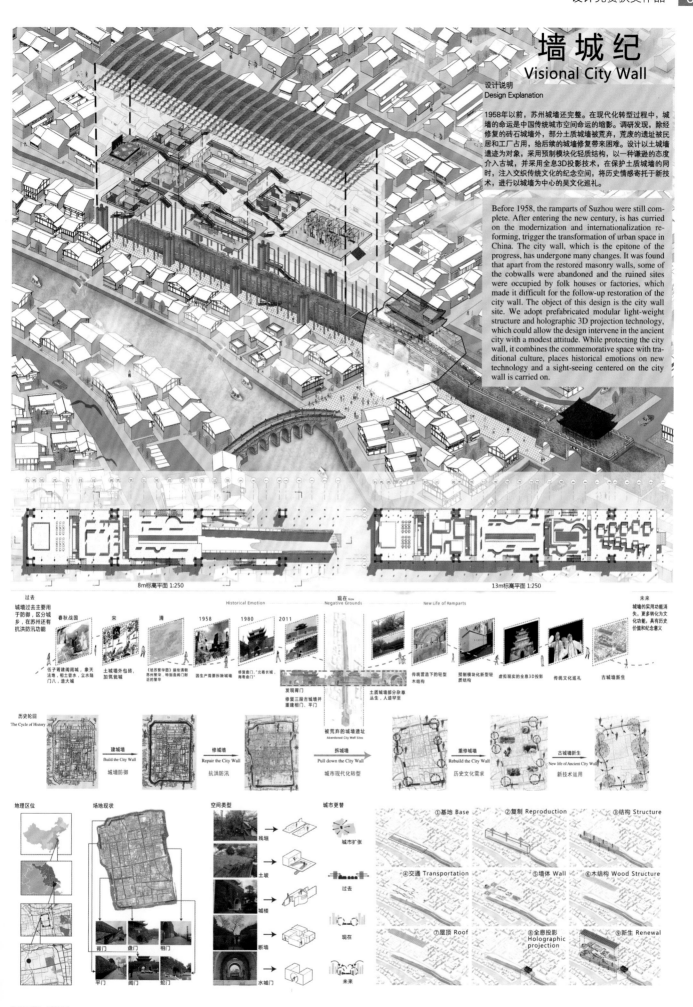

墙 城 纪
Visional City Wall

设计说明
Design Explanation

1958年以前，苏州城墙还完整。在现代化转型过程中，城墙的命运是中国传统城市空间命运的缩影。调研发现，除经后修复的砖质城墙外，部分土质城墙被荒弃，荒废的遗址被民居和工厂占用，给后续的城墙修复带来困难。设计以土城墙遗迹为对象，采用预制模块化轻质结构，以一种谦逊的态度介入古城，并采用全息3D投影技术，在保护土质城墙的同时，注入交织传统文化的纪念空间，将历史情感寄托于新技术，进行以城墙为中心的吴文化巡礼。

Before 1958, the ramparts of Suzhou were still complete. After entering the new century, is has curried on the modernization and internationalization reforming, trigger the transformation of urban space in China. The city wall, which is the epitone of the progress, has undergone many changes. It was found that apart from the restored masonry walls, some of the cobwalls were abandoned and the ruined sites were occupied by folk houses or factories, which made it difficult for the follow-up restoration of the city wall. The object of this design is the city wall site. We adopt prefabricated modular light-weight structure and holographic 3D projection technology, which could allow the design intervene in the ancient city with a modest attitude. While protecting the city wall, it combines the commemorative space with traditional culture, places historical emotions on new technology and a sight-seeing centered on the city wall is carried on.

8m标高平面 1:250

13m标高平面 1:250

过去
城墙过去主要用于防御，区分城乡，在苏州还有抗洪防汛功能

Historical Emotion　现在 Now Negative Grounds　New Life of Ramparts

未来
城墙的实用功能消失，更多转化为文化功能，具有历史价值和纪念意义

春秋战国　宋　清　1958　1980　2011

伍子胥建阖闾城，象天法地，祖土皆水，立水陆门八，遗大城

土城墙外包砖，加筑瓮城

《姑苏繁华图》描绘清朝苏州繁荣，特别是阊门附近的繁华

因生产需要拆除城墙

修复盘门"北看长城，南看盘门"

发现胥门
修复三段古城墙并重建相门、平门

被荒弃的城墙遗址
Abandoned City Wall Sites

土质城墙部分杂草丛生，人迹罕至

传统营造下的轻型新型木结构

预制横块化轻质结构

虚拟现实的全息3D投影

传统文化巡礼

古城墙新生

历史轮回
The Cycle of History

建城墙
Build the City Wall
城墙防御

修城墙
Repair the City Wall
抗洪防汛

拆城墙
Pull down the City Wall
城市现代化转型

重修城墙
Rebuild the City Wall
历史文化需求

古城墙新生
New life of Ancient City Wall
新技术运用

地理区位　场地现状　空间类型　城市更替

残垣　城市扩张

土坡

城楼　过去

断墙　现在

水城门　未来

胥门　盘门　相门

平门　阊门　蛇门

①基地 Base　②复制 Reproduction　③结构 Structure

④交通 Transportation　⑤墙体 Wall　⑥木结构 Wood Structure

⑦屋顶 Roof　⑧全息投影 Holographic projection　⑨新生 Renewal

作品名称：城墙纪
学生姓名：方奕璇　王轩轩　陈正罡
指导教师：潘一婷　张靓
所获奖项：2019谷雨杯全国大学生可持续建筑设计竞赛优秀奖

1
墙上的街市，是对传统市井文化的怀念，也是对日常生活图景的纪念。

The street near the wall is a commemoration of the traditional market culture and the realization of daily life.

2
过去的孩子常绕城墙环古城一周，趣游园是对孩童时期生活的怀念。

In the past, kids used to walk around the ancient city by the wall. The amusement park is a commemoration of childhood.

3
城墙的存废变迁诉说着历史推进的矛盾与无奈，直面真实的历史。

The vicissitudes of the city walls tell us the contradictions and helplessness of historical advancement and also remind us to face the real history.

4
高楼茶会，呼朋引伴，四方来聚，为年轻人提供文创空间，实现参与。

In the high-rise tea party, friends from all over the world gather together. This place provides space for young people to participate in literary creation.

5
小径环游，多方位视着土城墙遗址，保护之外引起重视，以史为鉴。

On the road, the sites of the city wall can be seen from many angles, which could bring wide-spread attention to the public.

6
戏台承载着吴文化的精粹，昆曲和丝竹器乐传递着老年人的纪念。

The stage carries the essence of Wu culture. Kunqu Opera and traditional musical instruments convey the memory of the elderly and also remind us to face the real history.

墙上市 Street and Lanes

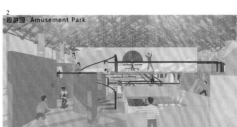
趣游园 Amusement Park

曲径游 Sloping Path

曲艺苑 Stage

榀下聚 Cultural and Creative

文史旅 Exhibition Hall

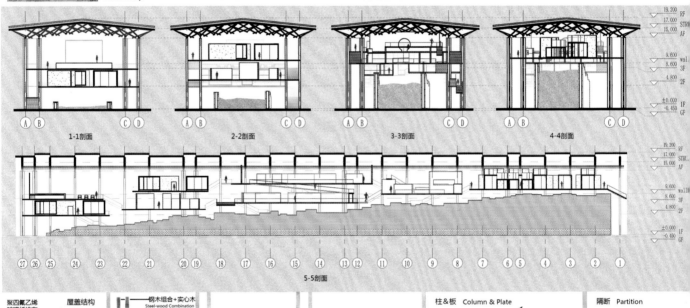

1-1剖面　　2-2剖面　　3-3剖面　　4-4剖面

5-5剖面

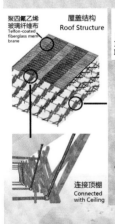
聚四氟乙烯玻璃纤维布 Telfon-coated fiberglass membrane

屋盖结构 Roof Structure

连接顶棚 Connected with Ceiling

钢木组合+实心木 Steel-wood Combination + Solid Wood
Ⅰ 榫卯 Mortise and Tenon
Ⅱ 组合体① Assembly ①
Ⅲ 夹 Clipping

Ⅳ
高强螺栓 High Strength Bolts
销轴连接 Pin Connection

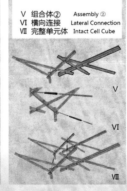
Ⅴ 组合体② Assembly ②
Ⅵ 横向连接 Lateral Connection
Ⅶ 完整单元体 Intact Cell Cube

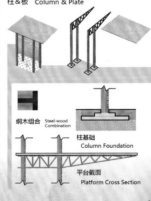
柱&板 Column & Plate

钢木组合 Steel-wood Combination
柱基础 Column Foundation
平台截面 Platform Cross Section

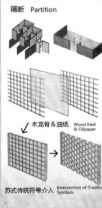
隔断 Partition

木龙骨&油纸 Wood Keel & Oilpaper
苏式传统符号介入 Intervention of Traditional Symbols

南立面效果图

码上有空间
——舟山海港码头空间挖掘与再利用
Space on the Wharf . Shen Jiamen . Zhoushan

本次竞赛选址位于浙江省舟山市东南隅的沈家门渔港，其北面为居民区，南面临东海，是我国最大的天然渔港。沈家门渔港早在清朝中期便形成了热闹的集市，素有"小上海"之称，每逢渔汛，沿海十几个省市的几十万渔民云集港内，形成了一道独有的景观。但随着城市的有机更新，这里的许多码头已经被废弃，居民与码头的回忆逐渐淡去，岸上和岸下仿佛被生硬地分隔开来。

The site of the competition is Shenjiamen fishing port on the southeast side of Zhoushan city, Zhejiang Province, which is the largest natural fishing port in China with residential areas to the north and east China sea to the south.Shenjiamen fishing port as early as in the mid-Qing dynasty formed a lively market, known as "little Shanghai".Every fishing season, hundreds of thousands of fishermen from a dozen coastal provinces gather in the harbor, forming a unique landscape.But as the city has been organically renewed, many docks have been abandoned, residents' memories of the docks have faded and the shore and shore have been rigidly separated.

Behavioral Modes and Analysis

通过调研沈家门居民与渔民的五种行为——广场舞、海边交谈、交易、卸货和泊船，将人们对于码头海港的记忆重新映射在我们选择的废弃码头上。方案将岸上与岸下衔接在一起，让人们更加亲近海海，唤醒回忆。

By investigating the five behaviors of Shenjiamen residents and fishermen — square dancing, seaside conversation, trading, unloading and docking — we remade people's memories of the wharf and fishing port on the abandoned wharf we chose.By connecting the shore with the shore, people can feel closer to the harbor and awaken memories.

广场舞　　　　Square Dance

海边交谈　　　Seaside Conversation

海产品交易　　Seafood Trade

码头卸货　　　Unloading the Ship

泊船　　　　　Achor

Model Deduction

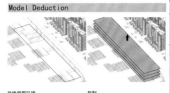

场地周围环境　　　　　　　复制
The Site is located on a pier in Shen Jiamen, The maximum floor capacity forms a shelf Zhoushan city, with residential buildings to with homogeneous plan.
the north and donghai sea to the south.

分裂　　　　　　　　　　　楼梯与步道
Split up the floors based on the movement of Stairs and walkways run through the builing,
the fisherman and the resident.　　　　　which provide more walking and leisure
　　　　　　　　　　　　　　　　　　　spaces.

公共空间　　　　　　　　　功能空间
Inspired by the framing concept of Chinese The combination of the horizontal wall and
Classical Gardens,walls are added based on vertical wall forms a similar container type of
the visibility re-mapping harbour memories.   room to meet the activity needs of different
　　　　　　　　　　　　　　　　　　　types of people.

概念 / Concept

改造前滨港路 /Before

滨港路是舟山独一无二的中心街道，无论是人行道的尺度，闪亮的楼宇，还是那些由电子与时尚融汇的街区，都是每个都市梦寐以求的场所，也存在挑战与威胁，亟待解决。

Bin Gang Road is not only a special place within Zhou Shan, it is one of the most unique streets in the world. The scale of its sidewalks, the glitter of its buildings and the intensity of street life that combines electronics and fashion, all work to create the type of place every city dreams of having.

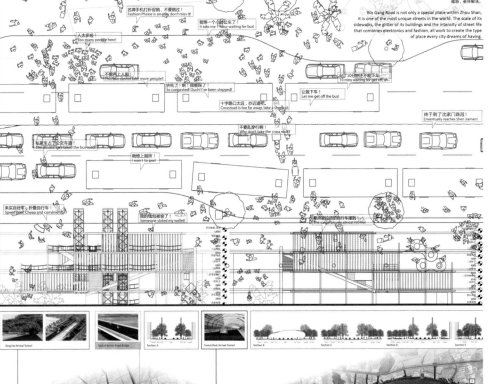

作品名称：码上有空间——舟山海港码头空间挖掘与再利用
学生姓名：孙　壮　郭开慧　李绪中
指导教师：吴永发
所获奖项：2019谷雨杯全国大学生可持续建筑设计竞赛优秀奖

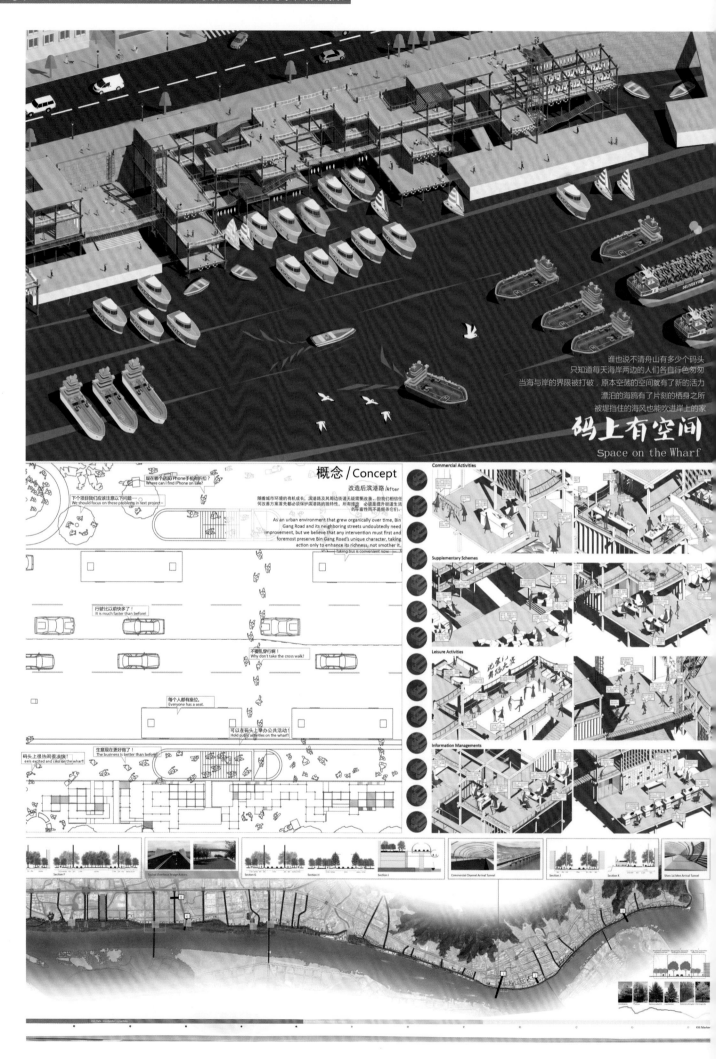

谁也说不清舟山有多少个码头
只知道每天海岸两边的人们各自行色匆匆
当海与岸的界限被打破，原本空荡的空间就有了新的活力
漂泊的海鸥有了片刻的栖身之所
被堤挡住的海风也能吹进岸上的家

码上有空间
Space on the Wharf

概念 / Concept

改造后滨港路 / After

随着城市环境的有机成长，滨港路及其周边街道无疑需要改善。但我们相信任何改善方案首先都必须保护滨港路的独特性，所有措施必须是提升街道生活的丰富性而不是抹杀它们。

As an urban environment that grew organically over time, Bin Gang Road and its neighboring streets undoubtedly need improvement, but we believe that any intervention must first and foremost preserve Bin Gang Road's unique character, taking action only to enhance its richness, not smother it.

Commercial Activities

Supplementary Schemes

Leisure Activities

Information Managements

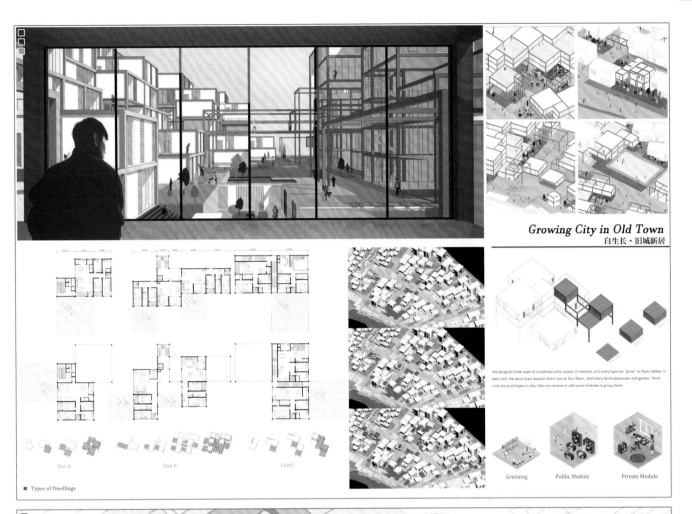

Growing City in Old Town
自生长 · 旧城新居

We designed three types of residential units consist of modules, and every type can "grow" as floors added. In each unit, the same space appears every two or four floors. And every family possesses roof garden. These units are prototypes in sites, then we remove or add some modules to group them.

Unit A　　Unit B　　Unit C

■ Types of Dwellings

Greening　　Public Module　　Private Module

Growing City in Old Town
自生长 · 旧城新居

■ Design Description

In early time, the living site was related to environment and nature, changing and growing along with various activities, time, and space.

This project is situated at a special area in an old town called Luzhi in Suzhou, where the ancient city collides with the new city. The most serious problem is that the old culture is fading out but the new city can't develop successfully without appropriate planning. We want to design an example for the city to motivate the whole area. In our project, typology and modules means are used to control the entire site, so that to create an "growing residential district" in line to time, city, past, today, and future. It is a complex not only for future living space, but also for heritage of ancient memory.

■ Urban Context

■ Surrounding Environment

■ Existing Buildings

作品名称：自生长 · 旧城新居
学生姓名：山朱燕　陈作鸣　景玥　都乐琳
指导教师：孙磊磊
所获奖项：UIA霍普杯2018国际大学生建筑设计竞赛入围奖

Growing City in Old Town
自生长・旧城新居

■ Investigation & Analysis & Design

To remain the traditional space and relative memory, we investigated and research typical block organization mode, water system, courtyard system, alley system, analysed and selected the prototypes. We transformed these prototypes connected with modularization to create a new residential mode which is suitable for the special site and can grow under control.

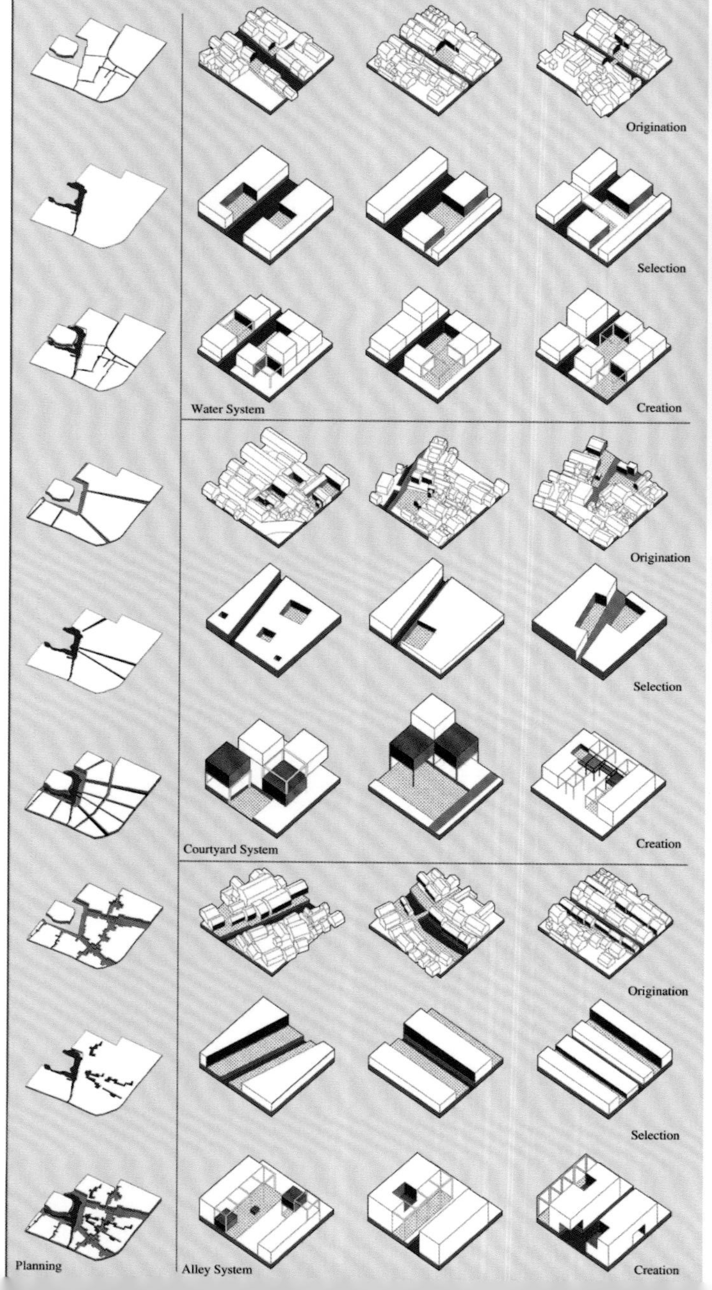

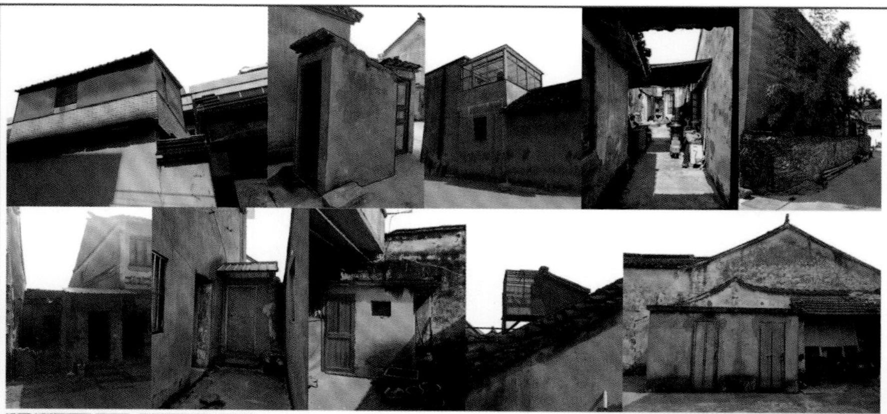

■ City is Formed by...

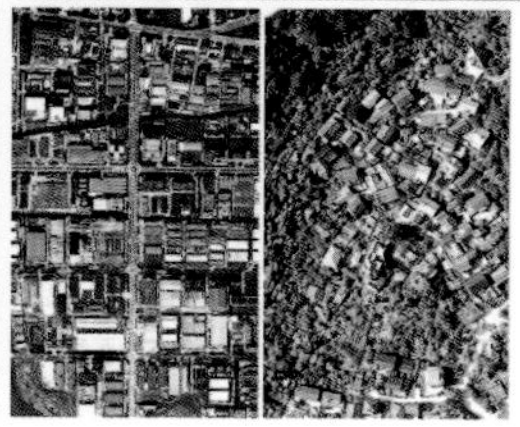

The tree structure and the semi-gridding structure are both thinking methods of how to organise many tiny systems as a large and complex system, and they are different sets. Tree structure groups elements according orders while semi-gridding structure forms by combination of various complex elements and has more randomness.

Natural cities are mainly organized under semi-gridding structures, full of randomness and posibilities. Man-made city are mainly tree structures.

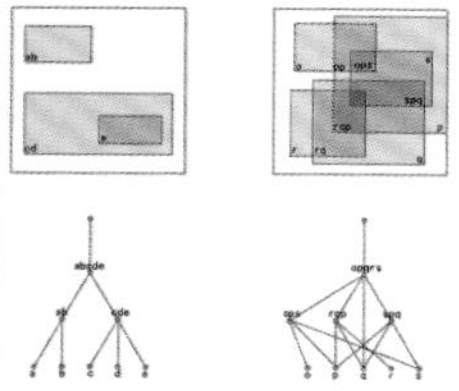

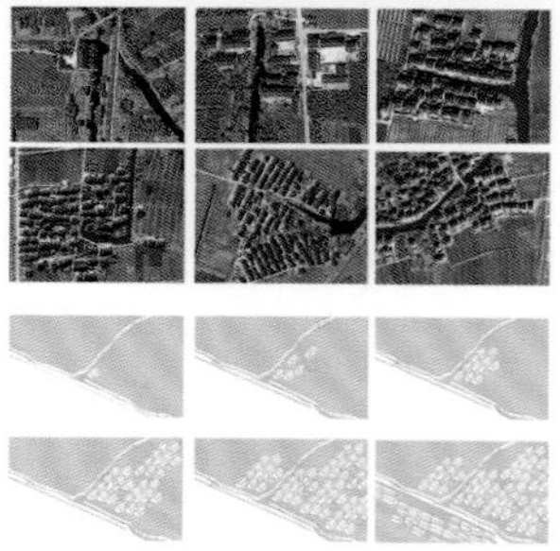

■ Developable Architectures

"Developable capacity" is ubiquitous phenomenon in nature that everything can grow in circles. For example, a natural city developes without human intervention can also grow itself. With the rapid process of urbanization, much more cities are planned by tree structures, where the randomness and natural character disappear gradually. Under this circumstance, how to create the "developable capacity" of architectures becomes more and more important.

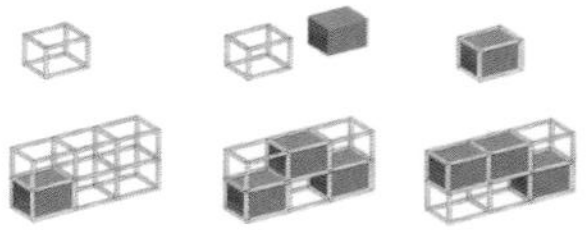

■ Prototype in Original Area

When we investigated the site, what impressed us were traces of people's life. They rebuilt thier houses by removing or adding various small space, like balconies, skylights, stairs and so on. They witnessed the history and conserved the memory of this site.

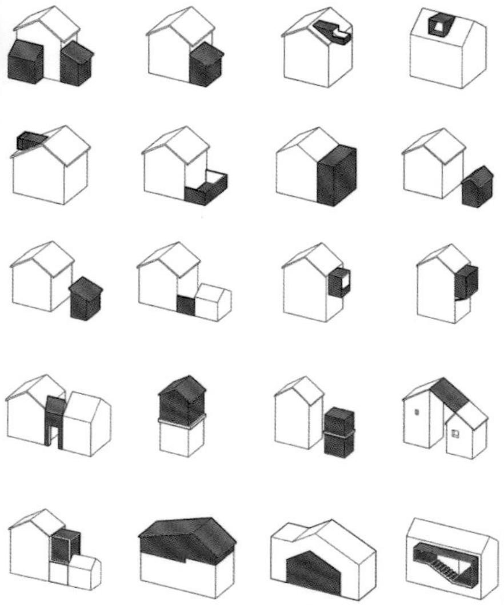

■ Developable Cities

To define the transformation rules of the original area, we researched several cities all around the world and extracted new buidings and old buildings. We found that in different regions, the connections of the new and the old are vaious. And for our site, the old cities connected to the new district in a transitional form. Thinking of the special location of the site(between the old city and new district), the planning of whole area was designed in a transitional form as well. Thus, the urban context can be maintained as before.

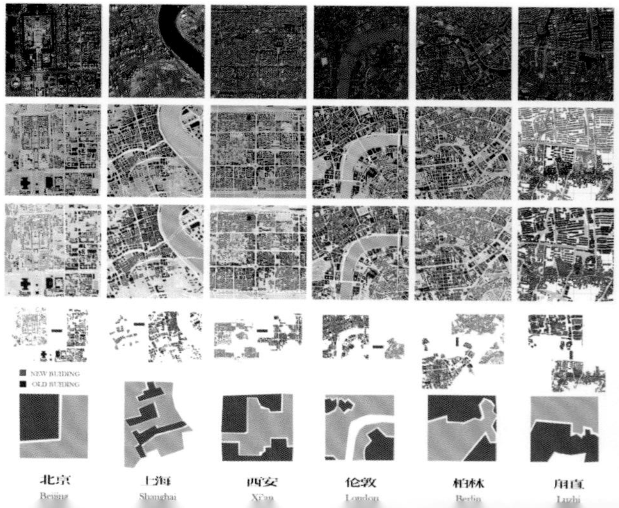

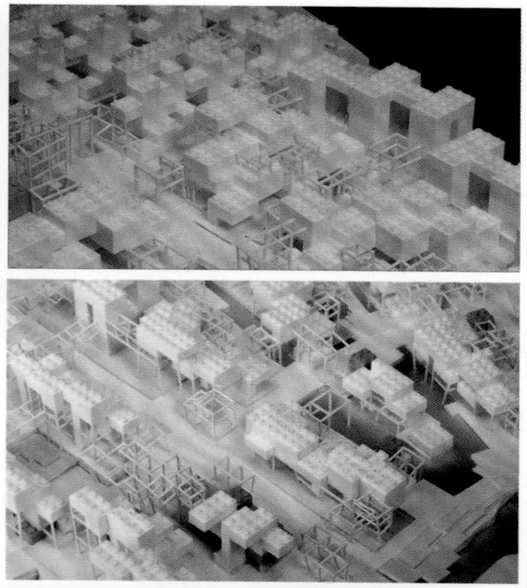

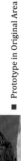

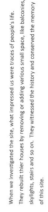

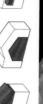

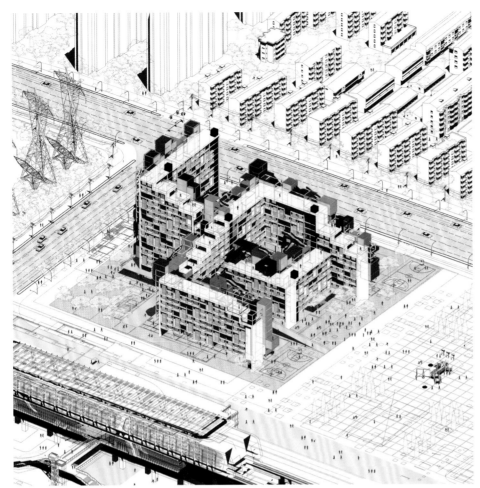

Back to Living Community

The "Living Citys"

London's "The Institute of Contemporary Arts" (ICA) hosted the exhibition "Living Citys" for the school in 1963.

The exhibition's "faith of using the city as a unique organism" is promoting people's experience of life, opposing the smallest area, opposing the social life after the war. Inconsistent functional partitions, the reconstruction of the post-war society "can only achieve the density and space allocation and meet the requirements of the regulations; but the urban spirit has been lost in this process."

The exhibition is divided into seven series to emphasize seven different themes, namely, Survival, Community, Communications, Movements, Man, Place and Situation. These different themes express the observation of human beings in daily life, that is, what they say, "in life, human beings are the ultimate subject and the main regulator."

New policy

China has built a large number of closed communities in the process of urbanization. In 2016, the central government issued a number of regulations, stating that in order to promote the block system in China's new residential buildings, in principle, closed residential quarters will no longer be built. The completed residential quarters and unit courtyards should be gradually opened to realize the internal publicization of roads and promote the use of land.

Concept Origin

Maslow's hierarchy of needs was proposed by American psychologist Abraham Maslow in the paper "Human Incentive Theory" in 1943. It divides the requirements into five categories: Physiological needs, Safety needs, Love and belonging, Esteem, and Self-actualization, which are arranged from lower to higher levels. After self-fulfilling the needs, there are also Self-transcendence needs, but usually not as a necessary level in Maslow's hierarchy of needs, most of which will merge self-transcendence into self-fulfilling needs.

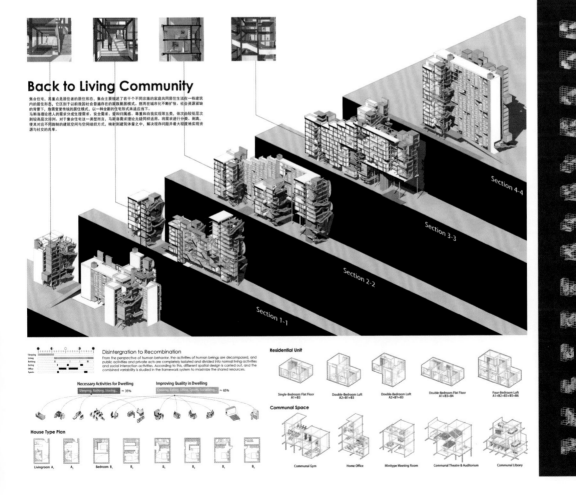

Back to Living Community

作品名称：Back to Living Community
学生姓名：景奇 邹玥 张蓓
指导教师：孙磊磊
所获奖项：UIA霍普杯2018国际大学生建筑设计竞赛入围奖

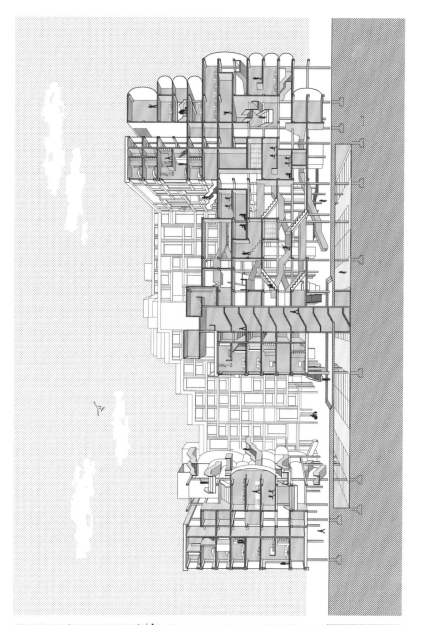

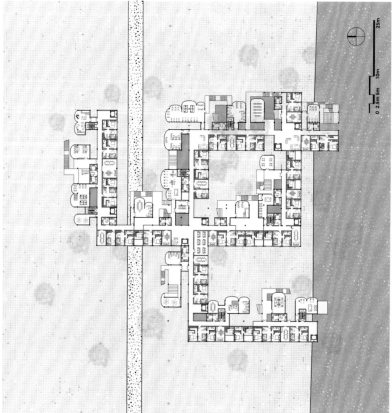

Back to Living Community

Site Research

The venue is located next to the railway station in Suzhou High-tech Zone, which is a new direction for the future development of Suzhou City. There are a large number of closed communities nearby, including commercial houses from the 1990s to the present.

Block Evolution

The living space and the public space are completely separated into two volumes, and the unit bodies are combined to form different types of units and public space to suit different needs of the family.

Chinese Residence Changes

From the traditional Sifang house to the collective complex, the package building, and the modern commodity residential community, the Chinese people's living history is a history of Chinese social change. Behind history, it is not difficult to find that many hidden social problems and complex contradictions are urgently needed to be solved.

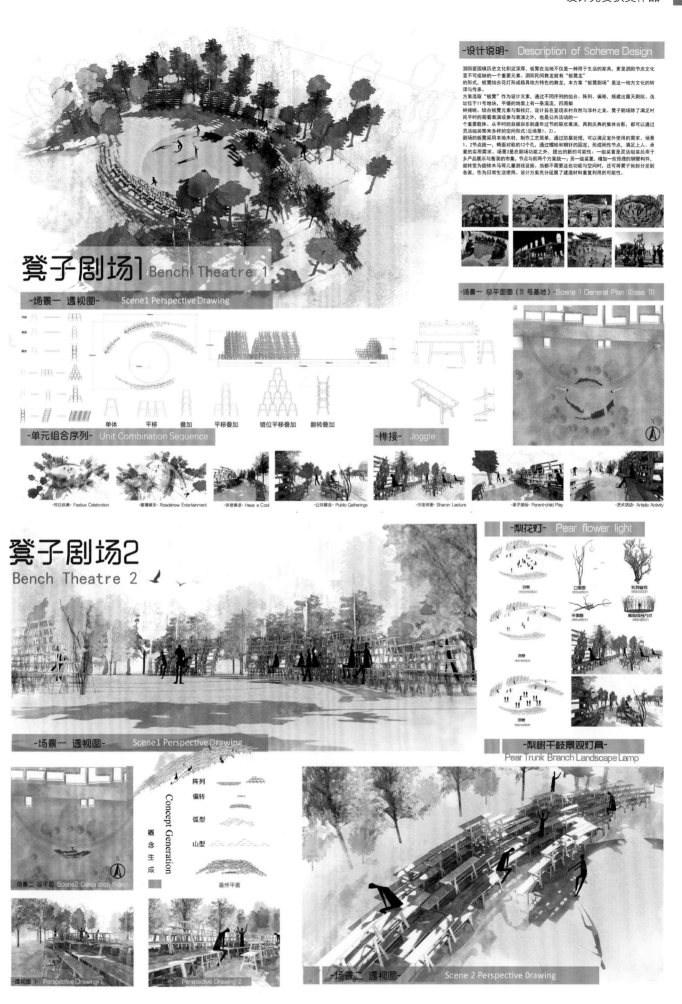

作品名称：Bench Theater
学生姓名：周峻岭（澳门） 吴家妮 毛继梅 刘雨萱 韩知 陈啸 赵欣怡 王毓烨 常曦雯 彭迎煊（澳门） 汪致宇（澳门） 梁俊杰（澳门） 张晗（澳门）
指导教师：张玲玲 钱晓冬 王洪羿
所获奖项：2019UIA-CBC国际高校建造大赛团体二等奖

-场景三 旋转木马-
Scene 3 Merry-go-round

凳子剧场3
Bench Theatre 3

-场景三 移动市集- Scene 3 Mobile Market

-场景三 总平面-
Scene 3 General Layout

-售卖场景 3 -
Saling Scene 3

-售卖场景 2 -
Saling Scene 2

-售卖场景 1 -
Saling Scene 1

-轴测分析图-
Analyze Axonometric Drawing

-节点轴测-
Axonometric Drawing of Node

-概念生成-
Concept Generation

-透视图-
Perspective Drawing

平面图 1:30
立面图 1:30
立面图 1:15

-构造节点- Construction Node

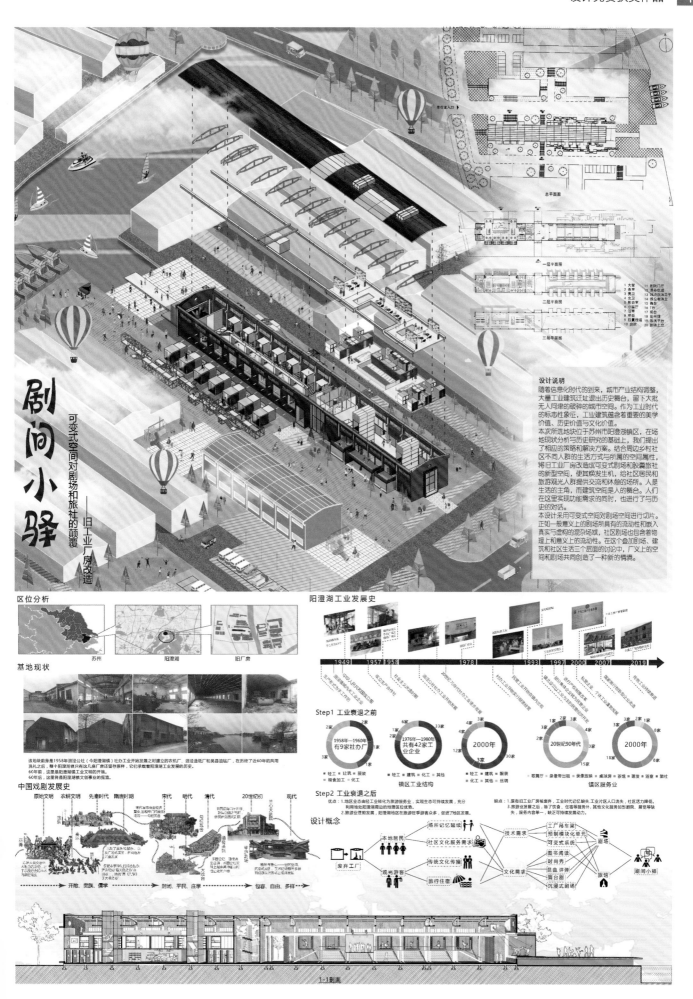

剧间小驿
可变式空间对剧场和旅社的颠覆
——旧工业厂房改造

设计说明

随着信息化时代的到来，城市产业结构调整，大量工业建筑迁址退出历史舞台，留下大批无人问津的破碎的城市空间。作为工业时代的标志性象征，工业建筑蕴含着重要的美学价值、历史价值与文化价值。

本次所选地块位于苏州市阳澄湖镇区，在场地现状分析与历史研究的基础上，我们提出了相应的策略与解决方案。结合周边乡村社区不同人群的生活方式与所属的空间属性，将旧工业厂房改造成可变式剧场和胶囊旅社的新型空间，使其焕发生机，给社区居民和旅游观光人群提供交流和休憩的场所。人是生活的主角，而建筑空间是人的舞台。人们在这里实现功能需求的同时，也进行了与历史的对话。

本设计采用可变式空间对剧场空间进行切片。正如一般意义上的剧场具有的流动性和嵌入真实与虚构的混杂场域，社区剧场也包含着物理上和意义上的流动性。在这个叠加剧场、建筑和社区生活三个层面的讨论中，广义上的空间和剧场共同创造了一种新的情境。

区位分析

苏州　阳澄湖　旧厂房

基地现状

该地块前身是1958年湘泾公社（今阳澄湖镇）社办工业开始发展之时建立的农机厂、湘泾造纸厂和吴县油钻厂，在历经了近60年的风雨洗礼之后，整个阳澄湖镇只有这几座厂房还留存原样，它们承载着阳澄湖工业发展的历史。

60年前，这里是阳澄湖镇工业文明的开始。
60年后，这里便是阳澄湖镇文创事业的屋顶。

中国戏剧发展史

原始文明　农耕文明　先秦时代　隋唐时期　宋代　明代　清代　20世纪初　现代

开放、贵族、儒学　→　封闭、平民、庄学　→　包容、自由、多样

阳澄湖工业发展史

1949　1957　1958　1978　1993　1997　2000　2007　2019

Step1 工业衰退之前

1958年—1960年有9家社办厂

1976年—1980年共有42家工业企业

2000年

20世纪90年代

2000年

镇区工业结构

■轻工 ■建筑 ■服装 ■其他
■化工 ■丝绸
■粮食加工 ■化工

镇区服务业

Step2 工业衰退之后

优点：1.地区业态由轻工业转化为旅游服务业，实现生态可持续发展，充分利用当地及阳澄湖周边的地理区位优势。2.旅游业发展起来，阳澄湖地区在旅游旺季游客众多，促进了地区发展。

缺点：1.原有旧工业厂房被废弃，工业时代记忆缺失，工业片区人口流失，社区活力降低。3.旅游业发展之后，除了饮食、住宿得到发展，其他文化发展如影剧院、展览等缺失，服务内容单一，缺乏可持续发展动力。

设计概念

本地居民　场所记忆延续　技术需求　工厂吊车梁　预制模块化单元　可变式系统　剧场
废弃工厂　社区文化服务需求　时尚秀　昆曲评弹　舞台剧　沉浸式剧场　旅馆　剧间小驿
观光游客　传统文化传播　文化需求　旅游住宿

1-1剖面

作品名称：剧间小驿
学生姓名：方奕璇　王轩轩　陈正罡
指导教师：张靓
所获奖项：2019第五届"中联杯"国际大学生建筑设计竞赛优秀奖

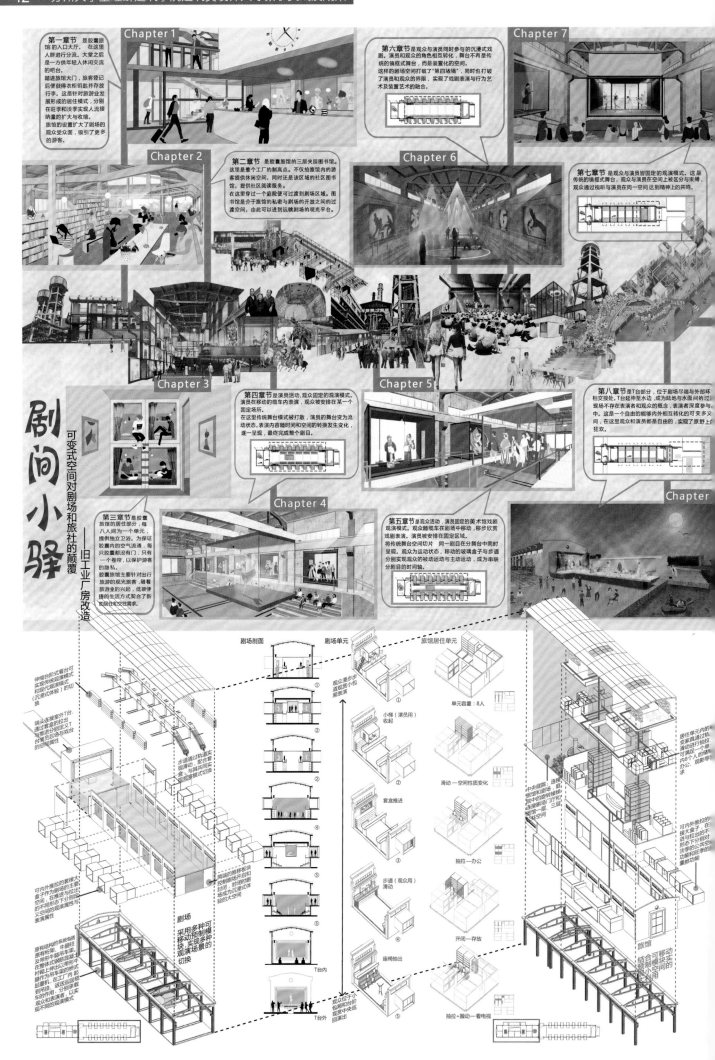

Chapter 1

第一章节 是胶囊旅馆的入口大厅。在这里人群进行分流。大堂之后是一方供年轻人休闲交流的吧台。踏进旅馆大门，旅客登记后便获得衣柜钥匙并存放行李。这针对旅游业发展形成的居住模式，分别在旺季和淡季实现对接纳量的扩充与收缩。旅社的设置扩大了剧场的观众受众面，吸引了更多的游客。

Chapter 2

第二章节 是胶囊旅馆的三层夹层图书馆。这里是整个工厂的制高点。不仅给旅馆内的游客提供休闲空间，同时还是该区域的社区图书馆，提供社区阅读服务。在这里穿过一个庭院便可过渡到剧场区域。图书馆是介于旅馆的私密与剧场的开放之间的过渡空间，由此可以进到远眺剧场的观光平台。

Chapter 3

第三章节 是胶囊旅馆的居住部分，每八人间为一个单元，提供独立卫浴。为保证胶囊室内的空气流通，每片胶囊都没有门，只有一个卷帘，以保护旅客的隐私。胶囊旅馆主要针对出行旅游的观光旅客，随着低碳世界旅游业的兴起，低碳便捷的生活方式契合了新的居住和交往需求。

Chapter 4

第四章节 是演员活动、观众固定的观演模式。演员在移动的缆车内表演，观众被安排在某一个固定场所。在这里传统舞台模式被打散，演员的舞台变为流动状态，表演内容随时间和空间的转换发生变化，逐一呈现，最终完成整个剧目。

Chapter 5

第五章节 是观众活动、演员固定的美术馆戏剧观演模式。观众随缆车在剧场中移动，移步欣赏戏剧表演。演员被安排在固定区域，将传统舞台空间切片，同一剧目在分舞台中同时呈现，观众为运动状态。移动的玻璃盒子与步道分别实现观众的被动运动与主动运动，成为串联分剧目的时间轴。

Chapter 6

第六章节 是观众与演员同时参与的沉浸式戏剧。演员和观众的角色相互转化，舞台不再是传统的镜框式舞台，而是装置化的空间。这样的剧场空间打破了"第四堵墙"，同时也打破了演和观众的界限，实现了戏剧表演与行为艺术及装置艺术的融合。

Chapter 7

第七章节 是观众与演员皆固定的观演模式。这是传统的镜框式舞台，观众与演员在空间上被区分与束缚，观众通过视听与演员在同一空间达到精神上的共鸣。

Chapter

第八章节 是T台部分，位于剧场尽端与外部环相交处处。T台延伸至水边，成为陆地与水面的过现将不存在表演者和观众的划分，表演者深度参与中。这是一个自由的能够内外相互转化的可变交空间，在这里观众和演员都是自由的，实现了原野上的狂欢。

剧间小驿

可变式空间对剧场和旅社的颠覆
——旧工业厂房改造

剧场剖面　剧场单元　旅馆居住单元

单元容量：8人

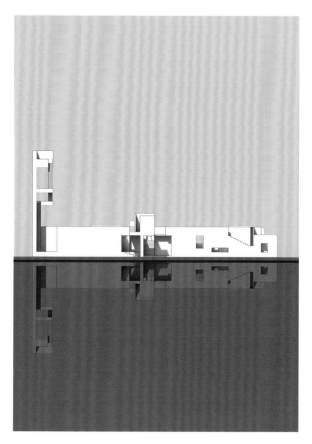

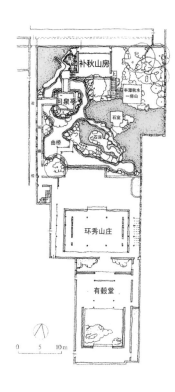

日光之下，便无假山——苏州园林假山空间与光

苏州园林假山空间与光环境分析

设计说明

中国古典山水园林，现在对其一直采取的是考古调绝方面研究的态度，而没有关注其空间的营造和表达。但是假山所呈现的空间与光环境，其实是非常丰富、有趣和诱人的。小组成员通过对苏州环秀山庄、怡园等园林的实地考察和调研，收集资料，最后分析并整理出了11个光与空间的典型模数，作为之间的研究依据。假山的夜景照明也一直是夜景存在的问题。现今的做法只是简单地打亮，或者用过于丰富的颜色布光，而抑制了假山本身的意境，小组通过查阅资料，进行大量讨论，对假山的夜景布光提出了一个方法，通过该方法，试图将假山夜景意境真正地填现出来。最后是对假山空间的转译。首先是对11个提取原型的转译和分析，在典型中找具典型，并组合成为一个空间与光变化丰富和有序列空间。这样设计的目的是，将假山的空间与光环境清提取出来，使之成为一种模数群策。在今后建筑空间融合中国地域文化时，运用假山空间元素，不是照搬，而是对其进行合理转译，我们的设计将给你一个有力的依据。

假山空间与自然光的关系

根据前期调研，在环秀山庄和怡园的假山中，提取出假山中与自然光发生趣味性关系并具有情味的空间，做空间序列作创作和光与空间的定义。

独仪

假山空间光影分析

以苏州怡园为例

怡园假山内部流线丰富，通过叠石营造出流线的交错，极大地提高了赏玩性，并通过叠石营造出虚实有序的光影空间，光影空间对游山的引导极为强烈。

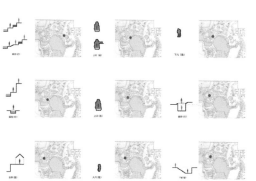

如斜　　跌宕　　漏径

影褶　　洞察　　下台

影扩　　对镜　　夹径

作品名称：日光之下，便无假山——苏州园林假山空间与光
学生姓名：高洪霖　陈作铭　姚梦飞
指导教师：徐俊丽　钱晓冬
所获奖项：2016第十四届亚洲设计学年奖光与空间设计银奖

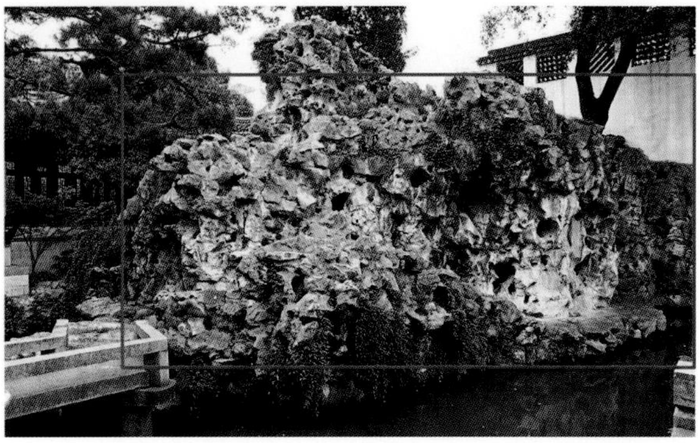

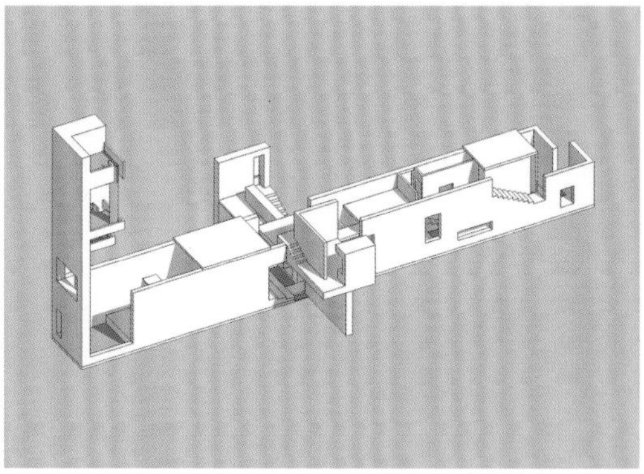

假山夜景营造意象

当下，对于园林多采取考古测绘方面的研究，而没有注意到空间的营造与表达。假山的园林如画 理论，以画意造园 的思想，是假山 夜景布光方法的依据和基础。它包括：对诗歌、绘画的隐喻，以激发参观者的想象；遵循风景画的构图原则，以绘画艺术的方式创作园林。环秀山庄以大斧劈法做出盘旋上下如高路入云的效果，成为一组有个性的空间序列，主假山通过视线的交叉和叠加来增加空间经验与感受。假山匠用片与层，连续深度的空间，不断后退起伏的片与尾的结构，将空间体量化解。各个层次通过“地面”来表现前后的不同层面，达到了“上望不见顶、下望不见底”的效果。所以，假山的夜景照明，应该考虑到园林中假山的存在意义，并营造出夜晚假山的意境。本设计的推敲做法是将环秀山庄主峰分为四个层次进行布光：

一、驳岸层。弱光，光由水下向驳岸挑出部分下面布光，再反射到水面，达到水面无限延伸的效果。

二、危径层。弱光，假山第一层，弱光布置，对第三层起到抬升作用。

三、主观层。强光，局部打亮。是假山以人观角度的主体部分，运用假山云根的理念，通过二层弱光衬托，有漂浮之感。突出表现该层的层次起伏感和太湖石的肌理。

四、背景层。无光或局部微光。是假山的背景部分，弱化其清晰度的亮度，达到拉开以造深的效果。

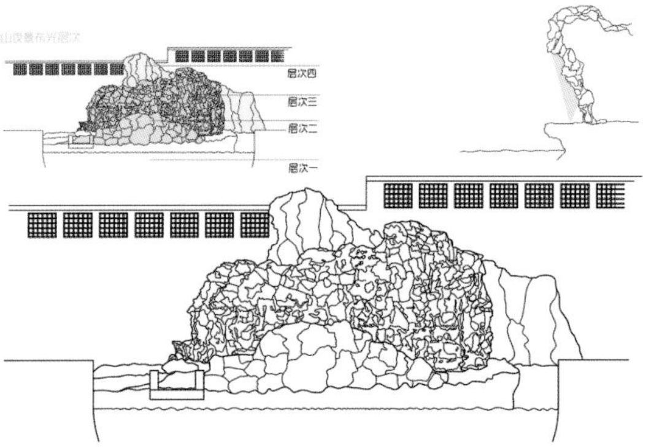
假山夜景布光层次
层次四
层次三
层次二
层次一

假山空间与光环境空间序列设计

对假山空间的转译，首先是对11个提取原型的转译和分析，在典型中找典型，并组合成为一个空间与光变化丰富的序列空间，在建筑空间融合假山叠石文化、假山空间元素，结合人体活动的空间如走、蹲、卧、距、坐等，进行合理转译。

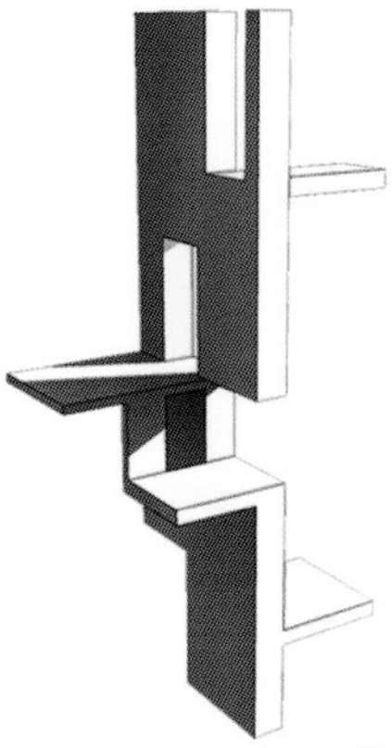

独仗

假山空间与光影关系的转译

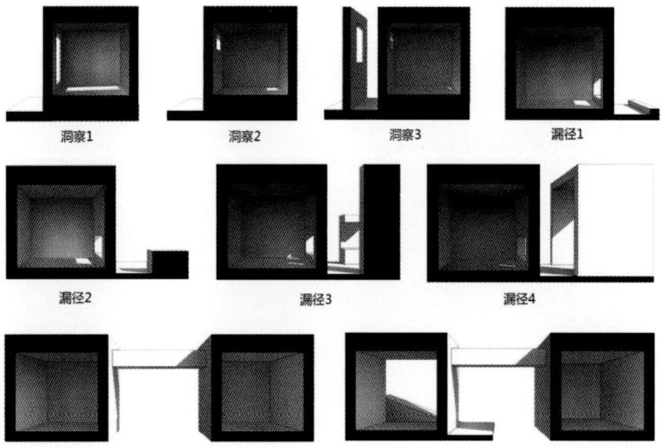
洞察1
洞察2
洞察3
漏径1
漏径2
漏径3
漏径4
对镜1
对镜2

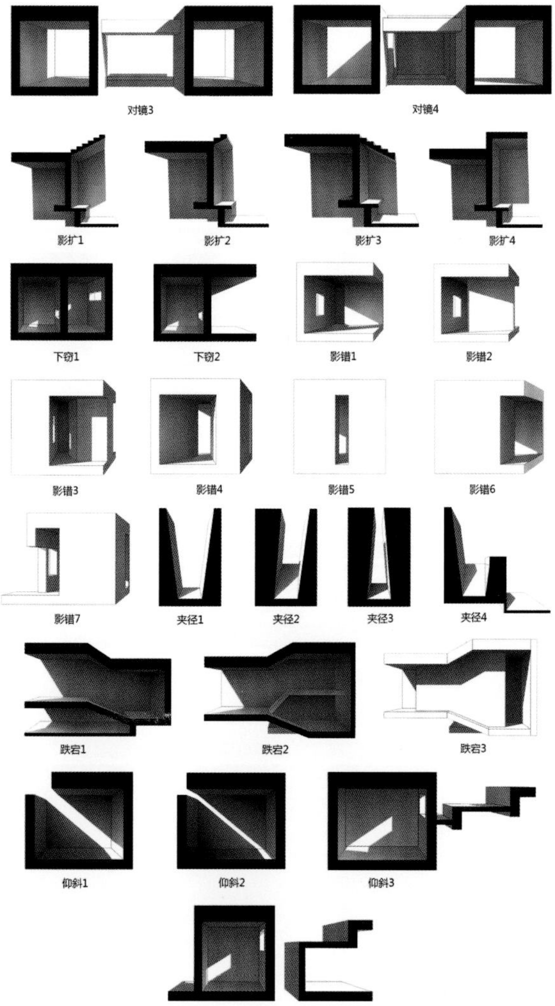
对镜3
对镜4
影扩1
影扩2
影扩3
影扩4
下窃1
下窃2
影错1
影错2
影错3
影错4
影错5
影错6
影错7
夹径1
夹径2
夹径3
夹径4
跌宕1
跌宕2
跌宕3
仰斜1
仰斜2
仰斜3
仰斜4

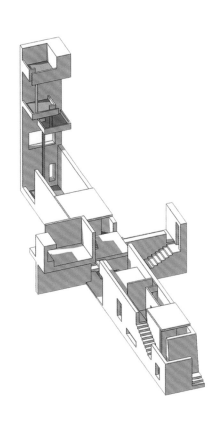

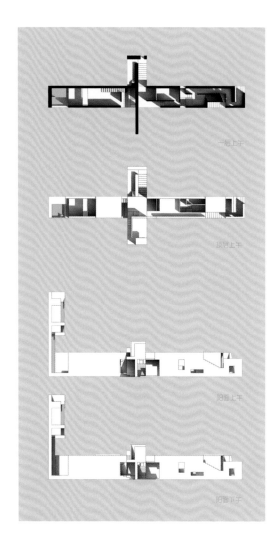

假山空间转译建筑序列空间

通过假山之假，趣味之真，光影之丰富，虚实之变化，在序列空间中塑造丰富的具有人情味的空间。

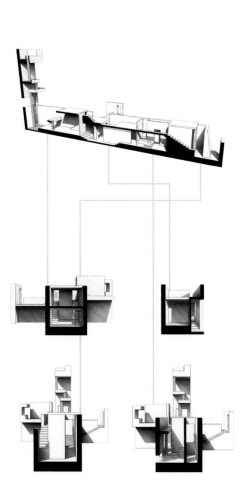

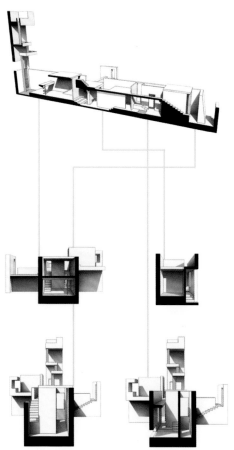

转译空间日照分析
通过光影的形态探究转译建筑的形态与功能关系

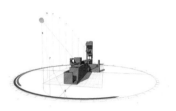

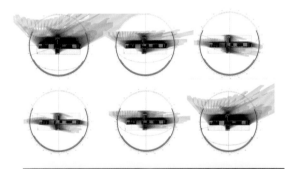

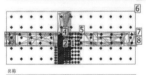

转译建筑空间人工照明

转译建筑空间照明参考了窑山空间，且结合人体活动的空间尺度，如走、蹲、卧、距、坐等，在必要空间的节点和流线加上光的引导，将窑山白天光影空间的趣味性在晚上体现出来。

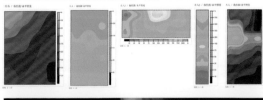

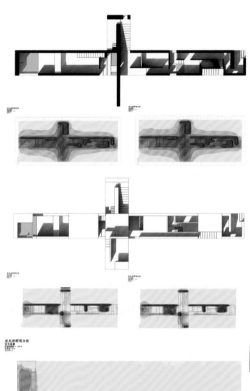

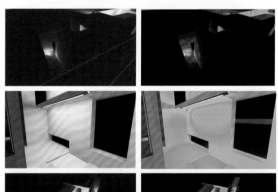

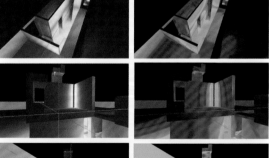

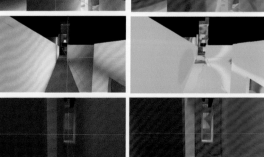

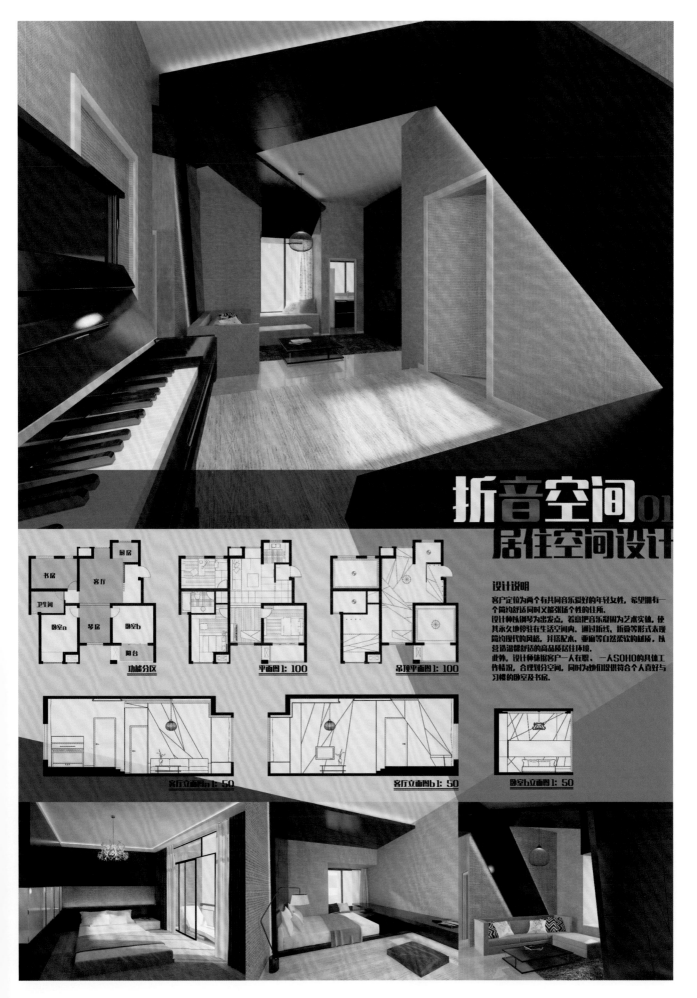

折音空间01
居住空间设计

设计说明

客户定位为两个有共同音乐爱好的年轻女性，希望拥有一个简约舒适同时又能强调个性的住所。

设计师以钢琴为出发点，着意把音乐凝固为艺术实体，使其永久地停驻在生活空间内，通过折线、折叠等形式表现简约现代的风格，并搭配木、亚麻等自然柔软的材质，以营造温馨舒适的高品质居住环境。

此外，设计师依据客户一人在职、一人SOHO的具体工作情况，合理划分空间，同时为她们提供符合个人喜好与习惯的卧室及书房。

功能分区

平面图1：100

品顶平面图1：100

客厅立面图a 1：50

客厅立面图b 1：50

卧室b立面图1：50

作品名称：折音空间——居住空间设计
学生姓名：董素彤　张冬卿
指导教师：李　立　徐　莹
所获奖项：第五届"中国营造"2015全国环境艺术设计双年展优秀奖

客厅一琴房

卧室a一琴房一客厅

卧室b折叠示意

卧室a折叠示意

公共空间折叠示意

居住空间设计
折音空间

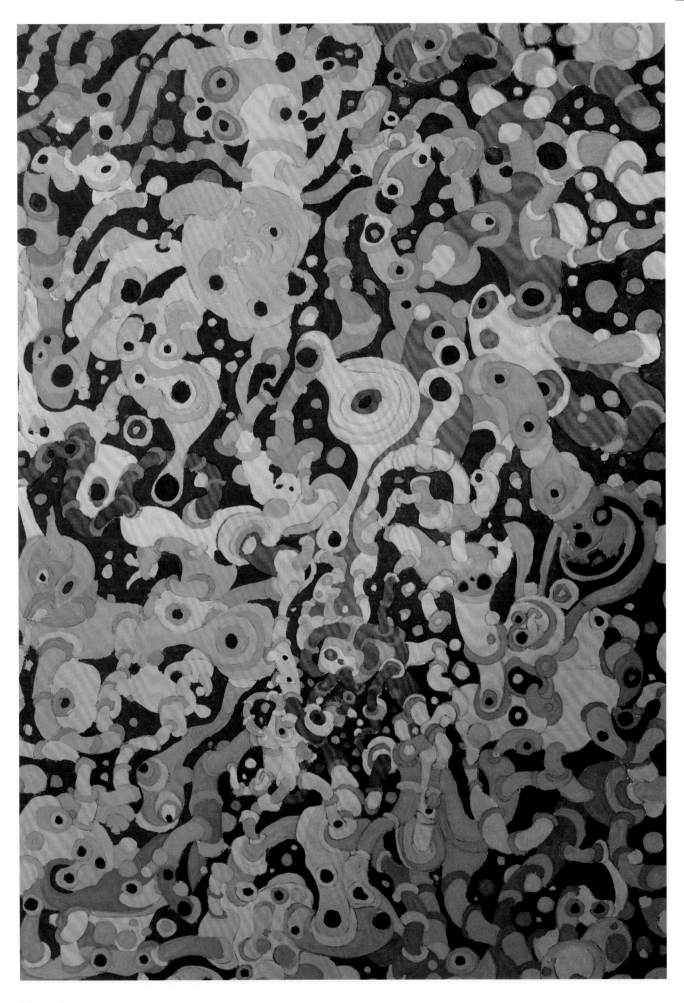

作品名称：炫彩
学生姓名：曹逸春
指导教师：李　立
所获奖项：第三届全国高等院校建筑与环境设计专业学生美术作品大赛二等奖

第十五届全国高校建筑与环境设计专业美术教学研讨会 学生作品 11

作品题目：花卉变奏曲
学科专业：建筑学
作品材质：水粉纸 \ 宣纸 \ 颜料
作品尺寸： 76cm×53cm
创作时间：2018年12月
作品构思：作业灵感来源于草间弥生的系列画作——花，原画中的花采用红、黄两种对比色彩，并且用圆点装饰其间。作品在构图中加入了方块堆叠形成空间的骨骼框架，提取对比的色彩与圆点的装饰元素，将其纳入空间，增强了画面的空间效果。

作品名称：花卉变奏曲
学生姓名：欧阳静思
指导教师：李 立
所获奖项：第五届全国高等学校建筑与环境设计专业学生美术作品大奖赛优秀奖

大·同
UNITY

吕思勉："要合之而见其大，必先分之而致其精。"

作品以教堂门窗为基本元素单位，将其敲碎、重组后围绕在以罗马数字为中心的骨架周围，创造出碎片式的细节，并组合成统一、和谐的整体。门与窗的交错结合，虚实的处理，明暗光影的重复布置，让观者获得层次的穿越，达到结构和内容的大与同。

作品名称：大·同
学生姓名：郭可为等
指导教师：李　立
所获奖项：第五届全国高等学校建筑与环境设计专业学生美术作品大奖赛三等奖

第十五届全国高校建筑与环境设计专业美术教学研讨会 学生作品 20

创意水彩静物

马赛克水彩静物

水彩纸、颜料
42cm×59.4cm

作品为常规静物写生，借鉴水粉画平涂技法，尝试将图形分成独立色块，形状任意有机，以此探索点、线、面的设计方法及色彩色相、冷暖、明暗的运用。这组水彩静物既有理性的色块分析，又不乏感性的色彩情感的表达。

民族纹饰重组

宣纸、木板、颜料
42cm×59.4cm

提取《马赛克水彩静物》里的植物、器物、织物等图案，结合民族纹饰重新解构，组合成新的元素，使画面上的图形和色彩不断反复呼应，形成丰富且完整的画面。增加对材质的考虑，利用宣纸的特性，使水彩渲染能够产生特殊肌理，装裱在木板上让图面更为平整硬朗。

作品名称：创意水彩静物
学生姓名：安可欣
指导教师：李 立
所获奖项：第五届全国高等学校建筑与环境设计专业学生美术作品大奖赛三等奖

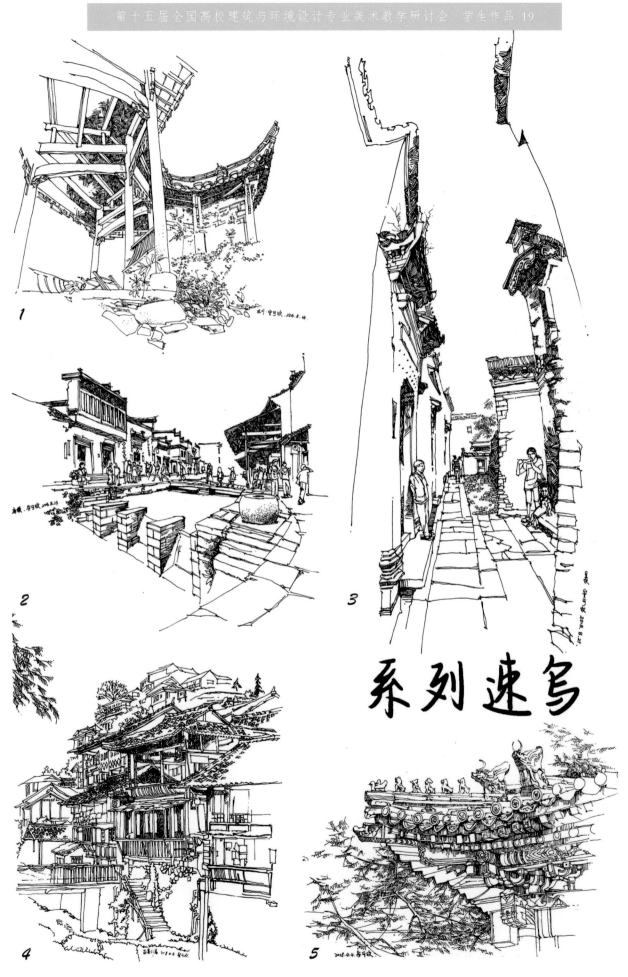

作品名称：系列速写
学生姓名：安可欣
指导教师：李　立
所获奖项：第五届全国高等学校建筑与环境设计专业学生美术作品大奖赛一等奖

作品名称：湖湘文化印象2
学生姓名：安可欣　周舒桐
指导教师：汤恒亮
所获奖项：第十四届全国高等学校建筑与环境设计专业
　　　　　教学研讨会综合类银奖

专卖店设计 Design for Living

用三条平行线和垂直线进行分区，将空间切割成中心展区和众多三角展区。入口放置一块梯形拼接铁板，既对人的视线起到阻挡作用，又营造了入口的氛围。铁板将人流分成两个方向，但都围绕中心展区，可自由进行参观。主流线用老木板铺地，并且用对应的顶面灯光照明，空间也因此而层次多样。

1. 过道（细石混凝土）
2. 场景展台（铁质）
3. 过道（细石混凝土）
4. 展台（木质）
5. 展柜（木质）
6. 储藏间兼员工休息室
7. 家具自由展区
8. 洽谈区
9. 展柜（木质）
10. 中心展区

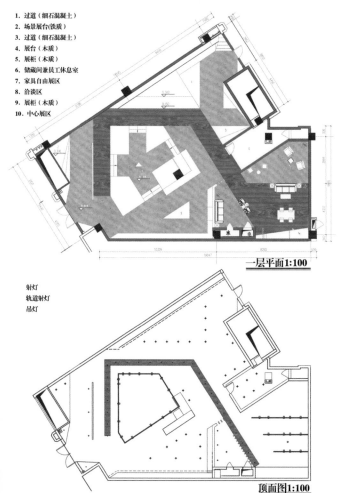

一层平面1:100

射灯
轨道射灯
吊灯

顶面图1:100

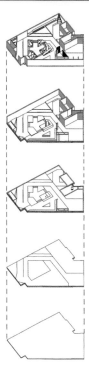

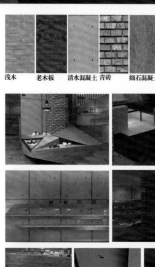

浅木　老木板　清水混凝土　青砖　细石混凝土混凝土　铁

地面铺地主要采用细石混凝土，主流线用老木板铺地，突出中心展区。墙面上主要采用清水混凝土和青砖，冰冷的颜色和粗糙的质感与家具的精致形成对比。展台展柜大部分使用浅色木质材料，中心展区的展台则用三角形木质材料构成，并用钢铁材料包边，使展台更加精致。入口处放置了一块梯形拼接铁板，中心展区的树采用钢铁制作，部分展区也使用钢铁作为展示平台，融入了工业元素。

灯光布置

1. 灯带既能照明物体，又让粗糙的墙面更加柔和

2. 空间分明暗，吊灯照明，射灯营造氛围

3. 调整射灯角度

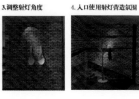

4. 入口使用射灯营造氛围

5. 入口使用铁艺吊灯

6. 中心展区最亮，使用轨道射灯和铁艺吊灯

作品名称：Design for Living
学生姓名：王雅玲
指导教师：李 立
所获奖项：第十五届全国高等学校建筑与环境设计专业美术教学研究会优秀奖

造型展柜

收银台展柜一体

简洁展柜

展柜展架

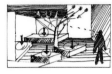

设计说明

这是一家工业风格的家具专卖店，通过材质粗糙的质感反衬家具的精致细腻。平面划分元素为三角形，因此在空间造型上也以三角构成为主，中心展区繁复的三角构成与周围简洁的三角展柜结合，做到繁简得当。材质上主要采用混凝土、青砖、木质、钢铁。地面为细石混凝土，立面为清水混凝土和青砖，吊顶采用的混凝土较细腻，展柜、展台、展区则采用木质材料和钢铁，材质之间的对比也可以展现出家具的精致。灯具造型主要有三种：射灯、灯带、吊灯。中心展区最为明亮，周围则配以灯带和局部射灯，使空间的光影具有层次感，并突出中心展区。

单位：mm

专卖店设计 家具开始为生活讲故事

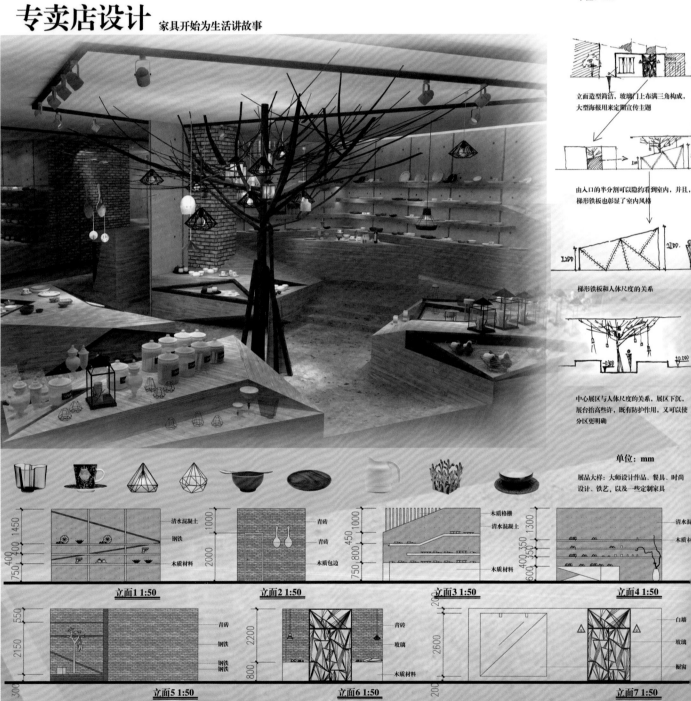

立面造型简洁，玻璃门上布满三角构成，大型海报用来定期宣传主题

由入口的半分割可以隐约看到室内，并且，梯形铁板也彰显了室内风格

梯形铁板和人体尺度的关系

中心展区与人体尺度的关系，展区下沉，展台抬高些许，既有防护作用，又可以使分区更明确

单位：mm

展品大样：大师设计作品、餐具、时尚设计、铁艺、以及一些定制家具

立面1 1:50　　立面2 1:50　　立面3 1:50　　立面4 1:50

立面5 1:50　　立面6 1:50　　立面7 1:50

立面8 1:50　　立面9 1:50

多校联合教学实践

基地背景

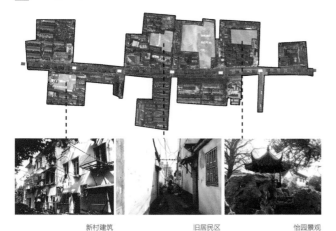

新村建筑　　　　旧居民区　　　　怡园景观

概念生成

园林连接　　　　上位规划　　　　片区划定

民居肌理　　　　园林水系　　　　功能倾向

云水山舍
苏州民宿设计

项目基地位于中国江南地区——苏州，这个地区也是孕育中国传统园林的地方。我们希望这个民宿的设计能在回应现代建造技术和生活舒适度的前提下，满足传统中国人的精神需求，即寄情山水、归隐田居。因此，方案根据任务书要求设计了琴、棋、书、画四个"C"形合院，以及大堂等若干建筑，体量由传统的苏式双坡顶建筑演变而来，衍生出丰富的空间和屋顶样式，如同山峦起伏。同时，方案还引入水系与建筑产生互动，使人在建筑群落中如同置身山水之间，云雾缭绕，百转千回，步移景异。

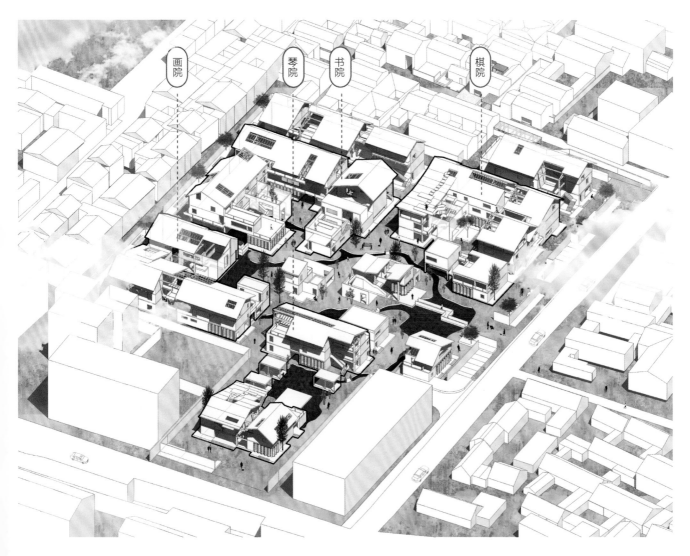

作品名称：云山水舍——苏州民宿设计
学生姓名：李嘉康　凌　泽
指导教师：张　靓
所获奖项：名城四校·联合毕业设计优秀作业(2018)

上人屋面透视图

场地设计

苏州园林以水系、假山、亭台等空间构成核心活动与景观节点,向围绕建筑空间渗透。本案借鉴了这样的空间处理形式,同时结合场地的交通等因素合理规划功能与流线。

景观渗透

路径流线

■ 棋院
■ 琴院
■ 书院
● 画院

特色区域

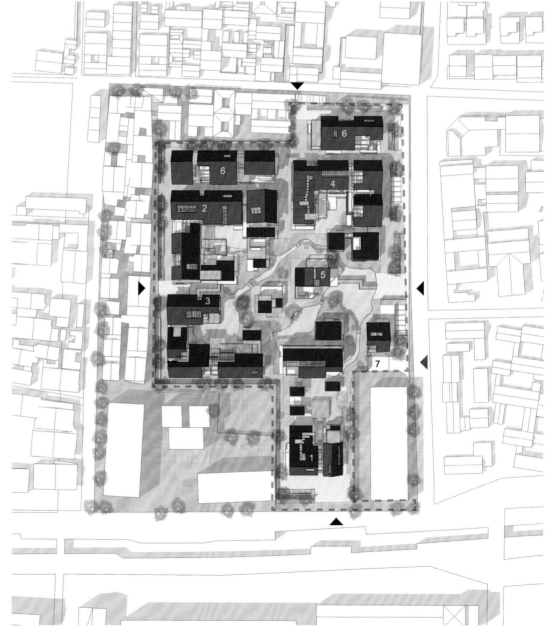

经济技术指标: 总建筑面积 10825 ㎡, 容积率 0.61, 民宿总面积 9600 ㎡, 客房面积 7100 ㎡, 停车位 134个, 绿化率 0.34

1.琴院; 2.书院; 3.画院; 4.棋院; 5.大堂; 6.沿街商业; 7.地下车库;

0m 6m 12m 24m

总平面图

中心岛　大堂　上人屋面　口袋花园　民宿

0m　1.5m　3m　6m　棋院剖透视

书院

书法展陈与咖啡阅读结合布置
于基地纵向轴线处。空间布置
为苏州典型的民居布置，进深
院给观展者以视觉的切换。

书院二层平面

棋院

棋在苏州更多象征着市井生活，
棋院中设置有棋牌室，为居民
与游客提供交流平台。该组团
设有棋教育相关功能，承担着
传承苏州传统文化的职能。

棋院二层平面

画院

组团伴水，适宜创作与展陈，
赋予画院主题，画家工作室与
其作品展陈室设置在其中，激
发此地的艺术性。

画院二层平面

琴院

戏台设置于组团中央，四周抱
水，拟融入古琴演奏、昆曲表
演等相关活动。琴院组团内设
有昆曲博物馆、放映馆等，致
力于传播苏州非物质文化。

琴院二层平面

1.接待厅　11.放映室
2.客厅　　12.书法展陈
3.咖啡吧　13.书法室
4.茶道　　14.活动室
5.酒吧　　15.棋工作室
6.餐饮　　16.棋牌室
7.纪念品商店　17.昆曲馆
8.零售　　18.共享厨房
9.画廊　　19.健身房
10.画家工作室　20.理发室
　　　　　21.辅助用房

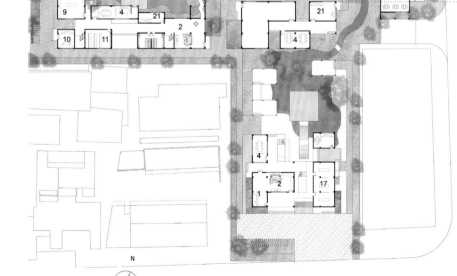

地下车库平面

0m　3m　6m　12m

N

一层平面图

室内过道透视图

民宿室内透视图

上人屋面

白墙黑瓦向来是最苏式的建筑元素之一，方案也着重设计了不同式样的瓦屋面，部分还采用上人屋面的形式，让人拥有不同的流线体验。

模件提取

汉字是由若干个部首的"模件"组合而成，设计方案同样采用这样的方式，从基地附近传统的苏州民居着手进行空间提取与演变、组合。

户型设计

在整个民宿设计中有多种不同的户型，凸显了苏式居民的装饰特点，部分采用开放式淋浴设计。

单体空间

建筑单体的空间从苏州传统的民居单体建筑演变而来，穿插进了提取出的街巷、洞口等"模件"空间，并通过立面与天窗的设计，最大程度实现了光影变化与空间的穿插。

上人屋面透视图

空间原型

民宿剖面

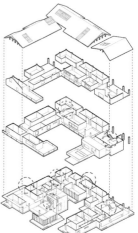

分层轴测

在细部节点设计方面，充分运用传统建筑样式中的榫卯结构，让不同的屋顶构件进行灵活连接。

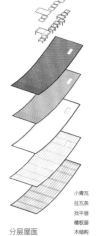

小青瓦
挂瓦条
找平层
楼板层
木结构

分层屋面

冷摊阴阳瓦 板椽 灰泥

细部构造

榫卯结构

坡顶

上行

汇合
洞口

门亭

窄巷

提取演变

组团剖面

琴台透视图

室外过道透视图

■ 城市背景

区位介绍

青岛，这座在近代饱经沧桑的城市，于1897年沦为德国势力范围。在强占青岛的17年间，德国人按照西方的城市规理论对青岛进行规划设计和建设。基本形成了青岛独特的城市风貌。第一次世界大战后，日本继续着，直至第二次世界大战结束，中国人民和国成立，中国的城市规模飞速增长，无数新城拔地而起，值得庆幸的是，青岛老城区区有部分面貌被改变，但没有直接受到新建的大量冲击。至今还较好地保留和延用了许多优秀的历史建筑。可以说，目前青岛是国内历史建筑风貌保存规模较大、部分街区形态基本完整的城市之一。

场地位于中山路历史街区区。中山路历史街区区作为曾经繁华的商业街区，是青岛历史发展轨迹及市代表性的重要因素。在近代城市的百年发展中，青岛的城市空间形态未发生特别大的改变。这个阶段的中山路区域一直具有举足轻重的地位，是城市的商业和文化中心。到了20世纪90年代，随着行政中心的东迁，青岛城市中心发生东移，中山路的地位逐渐发生了变化。

■ 青岛里院历史沿革

里院经历了起源、发展、停滞、衰败直至侵蚀等五个阶段。目前出于对该区域的保护，政府组织大鲍岛里院区内的居民搬迁，大鲍岛里院区已经基本完成居民搬迁，无人居住的里院区彻底丧失了活力。

在这样的活力现状下，需要城市"触媒"对该区域进行活力催化。

■ 里院建筑形制

空间序列　空间单元组合

公共空间
半私密空间
私密空间

公共一半私密一私密的空间逻辑

里院发展过程

基本单元　初期里院　成熟期里院

里院院落形制

"回"忆里

——青岛大鲍岛区域里院空间特征下复合型文化建筑空间设计的探索

■ 大鲍岛里院区域调研分析

大鲍岛区域旧时业态分布

广兴里原有商铺

大鲍岛区域原有老字号

■ 场地及周边调研分析

周边道路等级

场地500m内公共交通点

人流来源主要为基地西侧中山路、费柴院。未来中山路地铁站建成之后，也会成为重要的人群聚集点。另外一个比较重要的人流来源于基地南侧里院区域的重要景点天主教堂。除此之外，也会有部分人流来源于基地北及东侧，多为周边社区居民。

■ 大鲍岛里院区域调研分析

区域整体功能类型　　建筑形制及肌理特征

场地周边人流来源

人流来源主要为基地西侧中山路、费柴院。未来中山路地铁站建成之后，也会成为重要的人群聚集。另外一个比较重要的人流来源于基地南侧里院区域的重要景点天主教堂。除此之外，也会有部分人流来源于基地北及东侧，多为周边社区居民。

■ 大鲍岛里院区域调研分析

中山路区域业态分布　　中山路区域周边活力因素

作品名称："回"忆里——青岛大鲍岛区域里院空间特征下复合型文化建筑空间设计的探索
学生姓名：李仪琳
指导教师：张　靓
所获奖项：名城四校·联合毕业设计优秀作业(2018)

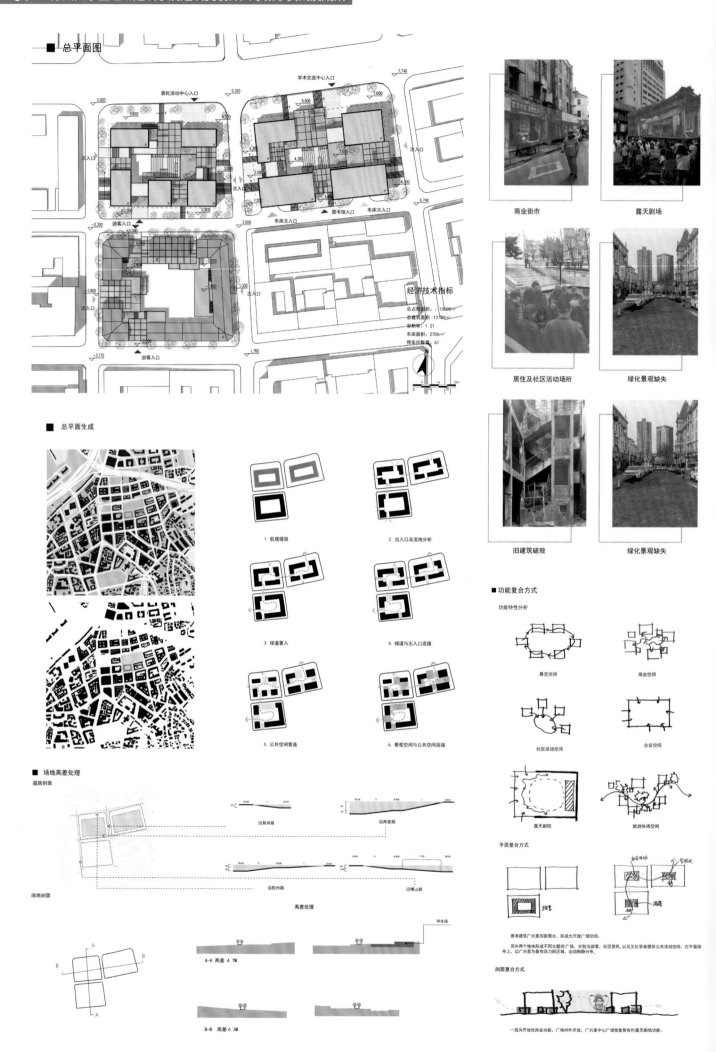

■ 总平面图

居民活动中心入口
学术交流中心入口

次入口

次入口

游客入口

图书馆入口
车库次入口

车库主入口

经济技术指标

总占地面积：10000m²
总建筑面积：12100m²
容积率：1.21
车库面积：2700m²
停车位数量：61

游客入口

■ 总平面生成

1. 肌理提取   2. 出入口及流线分析

3. 绿道置入   4. 绿道与出入口连接

5. 公共空间营造   6. 景观空间与公共空间连接

■ 场地高差处理

道路剖面

沿易州路   沿高密路

沿胶州路   沿博山路

场地剖面

高差处理

A-A 高差 4.7M

B-B 高差 6.3M

商业街市   露天剧场

居住及社区活动场所   绿化景观缺失

旧建筑破败   绿化景观缺失

■ 功能复合方式

功能特性分析

展览空间   商业空间

社区活动空间   会议空间

露天剧院   旅游休闲空间

平面复合方式

原有建筑广兴里四面围合，形成大尺度广场空间。

另外两个地块形成不同主题的广场，分别为游客，社区居民，以及文化学者提供公共活动空间，在平面排布上，以广兴里为最有活力的区域，由动到静分布。

剖面复合方式

一层为开放性商业功能，广场对外开放，广兴里中心广场恢复原有的露天剧场功能。

体块生成

模型推敲

一草模型

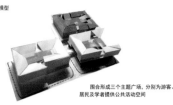

围合形成三个主题广场,分别为游客、居民及学者提供公共活动空间

根据人流分析确定入口并在建筑中设置开放入口

入口空间

二草模型

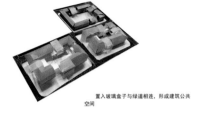

根据入口及庭院置入绿道连接

置入玻璃盒子与绿道相连,形成建筑公共空间

庭院空间

进一步深化绿道与公共空间的关系

置入垂直景观空间,通过公共空间与绿道相连接

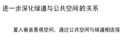

庭院大台阶置入景观空间,提升绿道景观环境

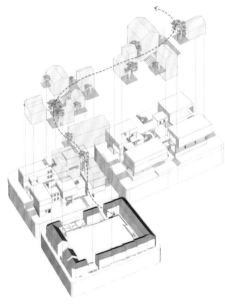

庭院空间

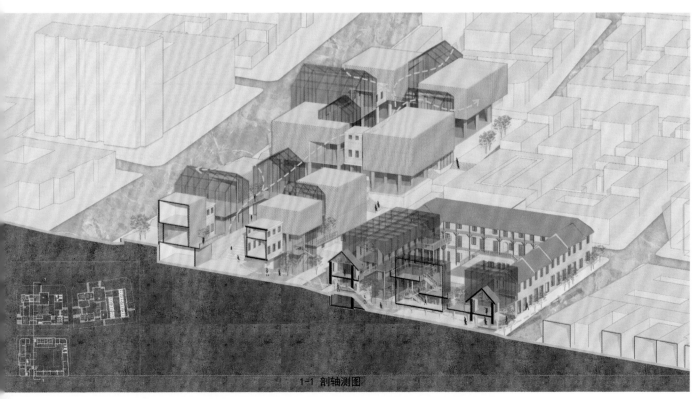

1-1 剖轴测图

■ 广兴里建筑改造策略

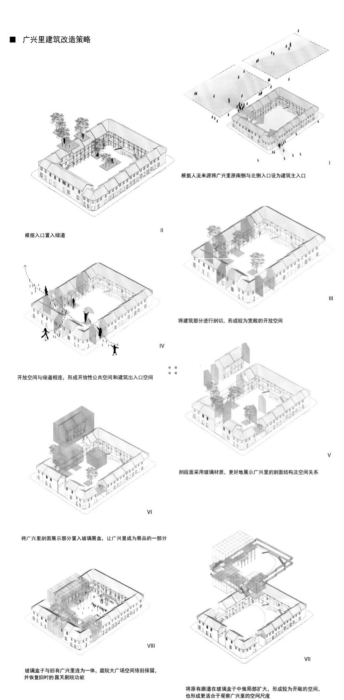

根据人流来源将广兴里原南侧与北侧入口设为建筑主入口

根据入口置入绿道

将建筑部分进行剖切，形成较为宽敞的开放空间

开放空间与绿道相连，形成开放性公共空间和建筑出入口空间

剖段面采用玻璃材质，更好地展示广兴里的剖面结构及空间关系

将广兴里剖面展示部分置入玻璃展盒，让广兴里成为展品的一部分

玻璃盒子与旧有广兴里连为一体，庭院大广场空间依旧保留，并恢复旧时的露天剧院功能

将原有廊道在玻璃盒子中做局部扩大，形成较为开敞的空间，也形成更适合于观察广兴里的空间尺度

■ 广兴里建筑空间分析

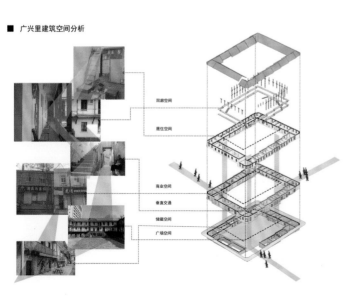

广兴里一层平面图

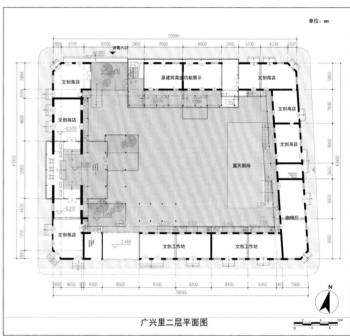

广兴里二层平面图

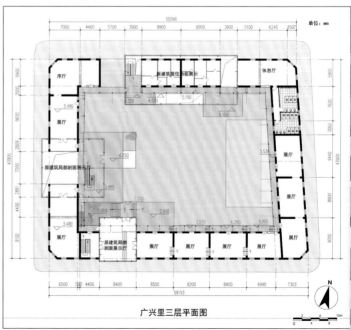

广兴里三层平面图

广兴里北立面图

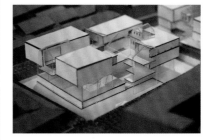

广兴里南立面图

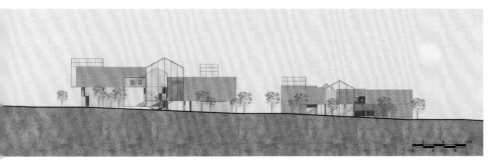

北立面图

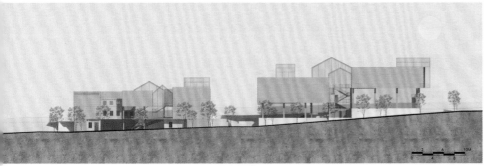
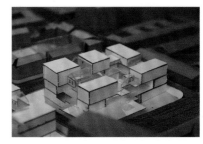

南立面图

2-2 剖轴测图

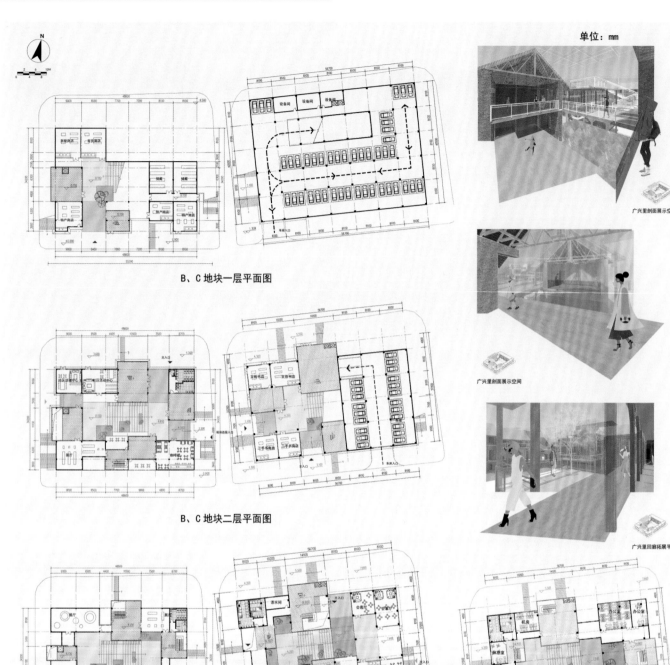

单位：mm

B、C地块一层平面图

B、C地块二层平面图

广兴里剖面展示空间

广兴里剖面展示空间

广兴里回廊拓展平台

B、C地块三层平面图

C地块四层平面图

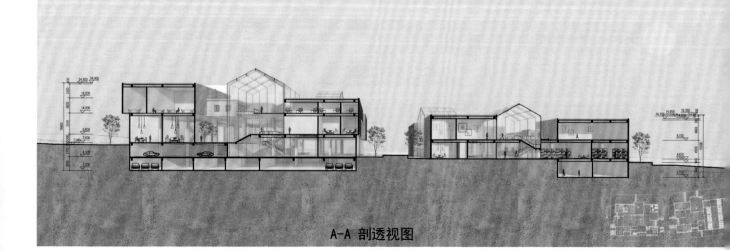

A-A 剖透视图

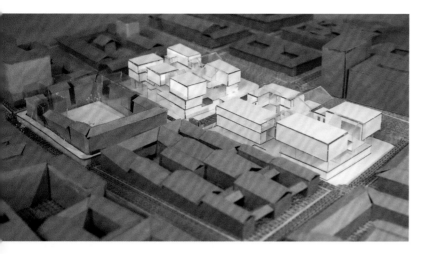

■ 材质运用及建筑节点

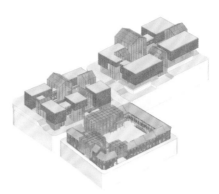

新建建筑一层以上运用仿砖材质穿孔板，具有较好的遮阳效果，适合在文化建筑中展览、阅读、学术交流会议等一系列文化活动。同时，砖面的现代材料在立面上与原有广兴里做出回应和对比。

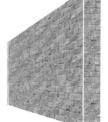

广兴里墙面裸露其原本的砖墙材质。新建建筑一层正对广兴里的商业功能部分沿用砖墙材质，与广兴里镜像呼应。新建建筑的连廊部分同样运用砖墙材质，将传统砖墙材质穿插于新建建筑之中，在立面中现代材质与具有历史感的砖墙材质形成拼贴效果。

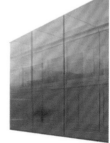

东侧基地与建筑开口处运用玻璃材质，形成通透的开放空间。为了达到更加通透的空间效果，玻璃结构采用玻璃肋无框幕墙。

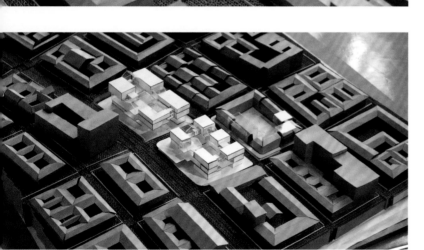

单位：mm

B-B 剖透视图

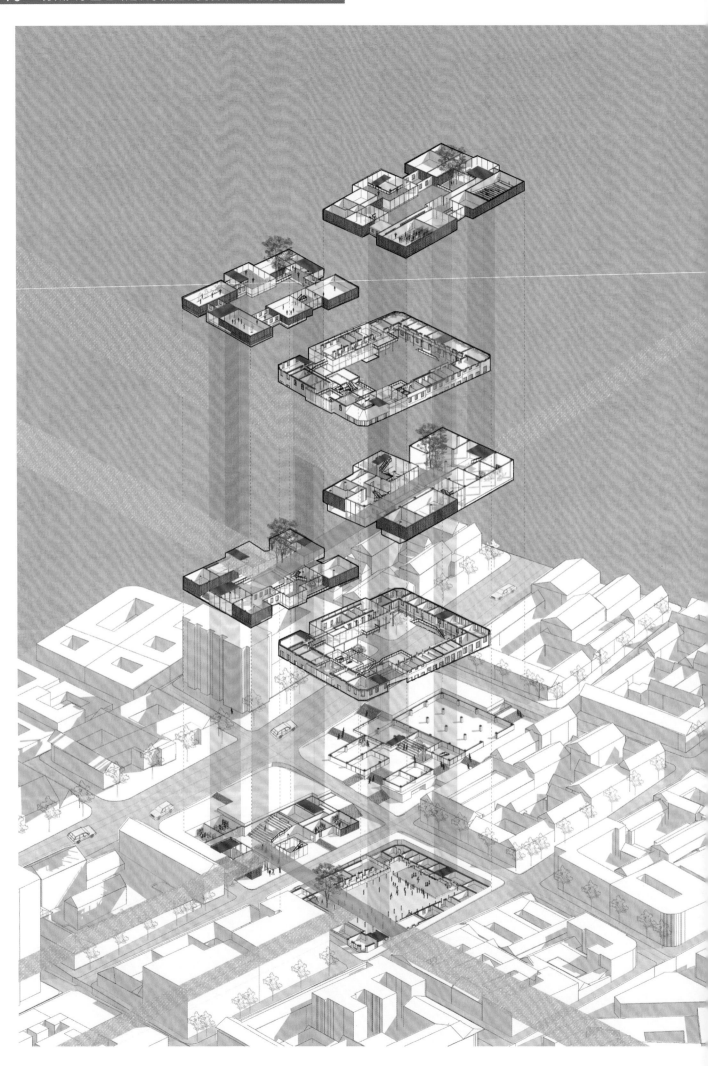

青岛广兴里里院文化中心设计·基于流线设计的复合型文化中心设计

里院的历史

自从强占青岛之后，德国人将青岛的城市功能规划为军事基地、港口和商贸中心，并划分出华人区和欧人区，华人区主要包括大鲍岛区、台东区和台西区，本次设计所在的大鲍岛区占据了极其重要的地位。

里院最早诞生于20世纪初的大鲍岛中国城，是由当时青岛著名的德国建筑公司之一——希姆森公司的建筑设计师阿尔弗莱德·希姆森设计的，后来随着不断改进，逐渐演化成了最具青岛本土特色的民居形式。

青岛的里院就像北京的四合院、上海的弄堂，在狭窄逼仄的空间中，到处充满着浓厚的生活气息。

历史街区的变迁

20世纪七八十年代 ●········· ► 现在

人流川流不息，生活气息浓厚，一派繁荣的景象

生活气息消失，基础设施差，功能缺失，已无法满足现代人的生活需求，道路变成停车场

广兴里的变迁

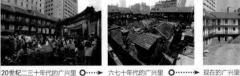

20世纪二三十年代的广兴里 ●····· ► 六七十年代的广兴里 ► 现在的广兴里

曾经，戏台、说书场、电影院，在广兴里一应俱全。院内的电影院被称为"小光陆"，是青岛最早放映无声电影的影院之一

广兴里渐渐衰败下去，成为纯粹的居民院，场地内的影院不再，中间庭院不断搭建各类功能建筑，院落空间丧失

2017年政府收购广兴里之后，拆除了院内违章建筑，恢复了广兴里的空地，广兴里恢复到原初的状态

区域优势

中山路区域周边潜藏着大量的稳定和流动客流，为场地注入大量的人流提供了可能性

中山路区域内部和外部分布着各种公共交通，保证了场地的可达性，便捷的交通有利于区域周边的发展

区域劣势

> 道路绿化缺失，休闲活动场地缺失
> 院落空间空荡，绿色植物缺失

大鲍岛区域内缺乏整体的停车规划，沿街停放的车辆阻碍了交通人流的正常行驶，破坏了城市的整体形象

作品名称：青岛广兴里里院文化中心设计——基于流线设计的复合型文化中心设计
学生姓名：严佳慧
指导教师：张 靓
所获奖项：名城四校·联合毕业设计优秀作业(2018)

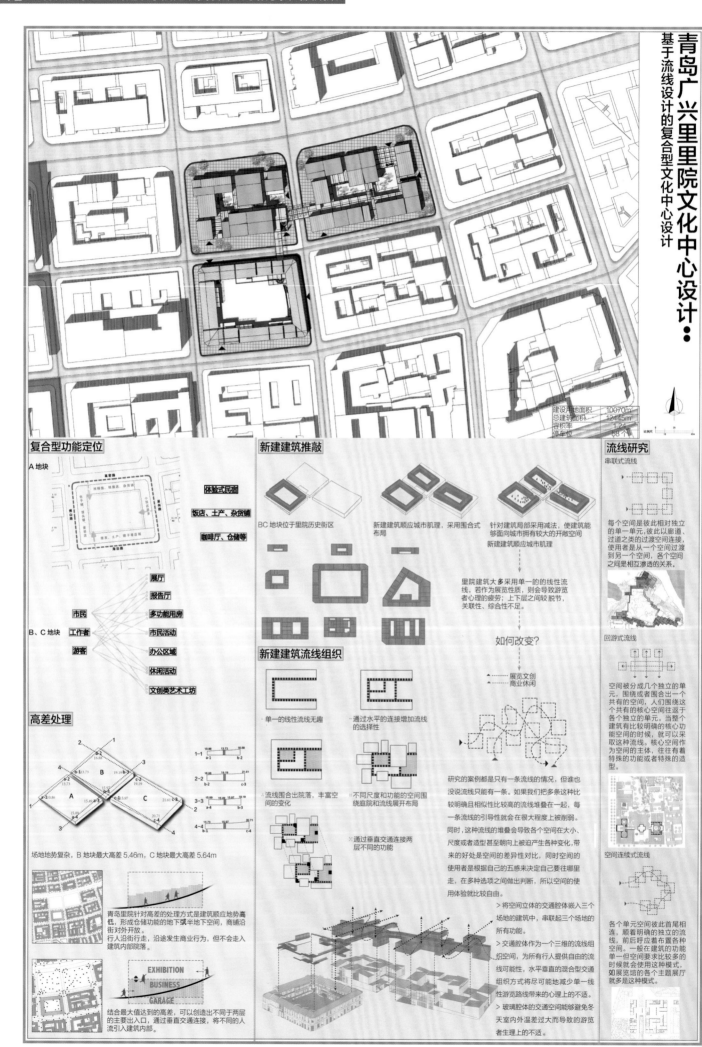

青岛广兴里里院文化中心设计：基于流线设计的复合型文化中心设计

建设用地面积	10070m²
总建筑面积	12445m²
容积率	1.2
停车位	68个

复合型功能定位

A 地块

体验式民宿
饭店、土产、杂货铺
咖啡厅、仓储等

展厅
报告厅
多功能用房
市民活动
办公区域
休闲活动
文创类艺术工坊

市民
工作者
游客

B、C 地块

高差处理

场地地势复杂，B 地块最大高差 5.46m，C 地块最大高差 5.64m

青岛里院针对高差的处理方式是建筑顺应地势高低，形成仓储功能的地下或半地下空间，商铺沿街对外开放。
行人沿街行走，沿途发生商业行为，但不会走入建筑内部院落。

EXHIBITION
BUSINESS
GARAGE

结合最大值达到的高差，可以创造出不同于两层的主要出入口，通过垂直交通连接，将不同的人流引入建筑内部。

新建建筑推敲

BC 地块位于里院历史街区

新建建筑顺应城市肌理，采用围合式布局

针对建筑局部采用减法，使建筑能够面向城市拥有较大的开敞空间
新建建筑顺应城市肌理

里院建筑大多采用单一的的线性流线，若作为展览性质，则会导致游览者心理的疲劳；上下层之间较脱节，关联性、综合性不足。

新建建筑流线组织

单一的线性流线无趣

通过水平的连接增加流线的选择性

流线围合出院落，丰富空间的变化

不同尺度和功能的空间围绕庭院和流线展开布局

※通过垂直交通连接两层不同的功能

如何改变？

展览文创
商业休闲

研究的案例都是只有一条流线的情况，但谁也没说流线只能有一条。如果我们把多条这种比较明确且相似性比较高的流线堆叠在一起，每一条流线的引导性就会在很大程度上被削弱。同时，这种流线的堆叠会导致各个空间在大小、尺度或者造型甚至朝向上被迫产生各种变化，带来的好处是空间的差异性对比，同时空间的使用者是根据自己的五感来决定自己要往哪里走，在多种选项之间做出判断，所以空间的使用体验就比较自由。

> 将空间立体的交通腔体嵌入三个场地的建筑中，串联起三个场地的所有功能。
> 交通腔体作为一个三维的流线组织空间，为所有行人提供自由的流线可能性，水平垂直的混合型交通组织方式将尽可能地减少单一线性游览路线带来的心理上的不适。
> 玻璃腔体的交通空间能够避免冬天室内外温差过大而导致的游览者生理上的不适。

流线研究

串联式流线

每个空间是彼此相对独立的单一单元，彼此以廊道、过道之类的过渡空间连接，使用者是从一个空间过渡到另一个空间，各个空间之间是相互渗透的关系。

回游式流线

空间被分成几个独立的单元，围绕或者围合出一个共有的空间，人们围绕这个共有的核心空间往返于各个独立的单元。当整个建筑有比较明确的核心功能空间的时候，就可以采取这种流线。核心空间作为空间的主体，往往有着特殊的功能或者特殊的造型。

空间连续式流线

各个单元空间彼此首尾相连，顺着明确的独立的流线，前后呼应着布置各种空间。一般在建筑的功能单一但空间要求比较多的时候就会使用这种模式，如展览馆的各个主题展厅就多是这种模式。

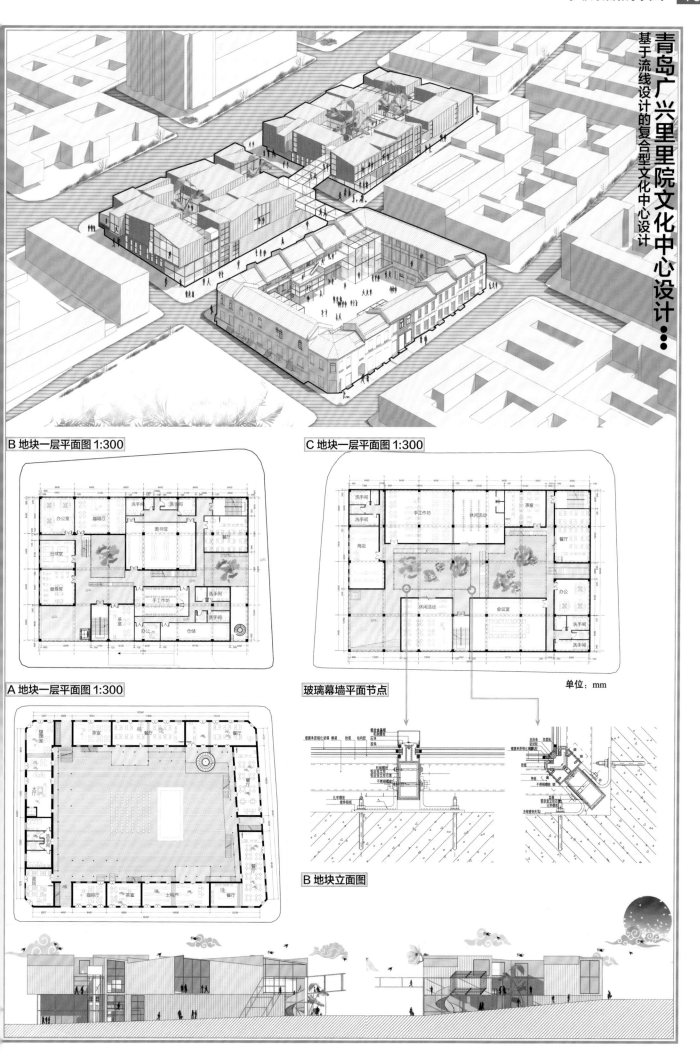

青岛广兴里里院文化中心设计···

基于流线设计的复合型文化中心设计

B 地块一层平面图 1:300

C 地块一层平面图 1:300

A 地块一层平面图 1:300

玻璃幕墙平面节点

单位：mm

B 地块立面图

青岛广兴里里院文化中心设计····

基于流线设计的复合型文化中心设计

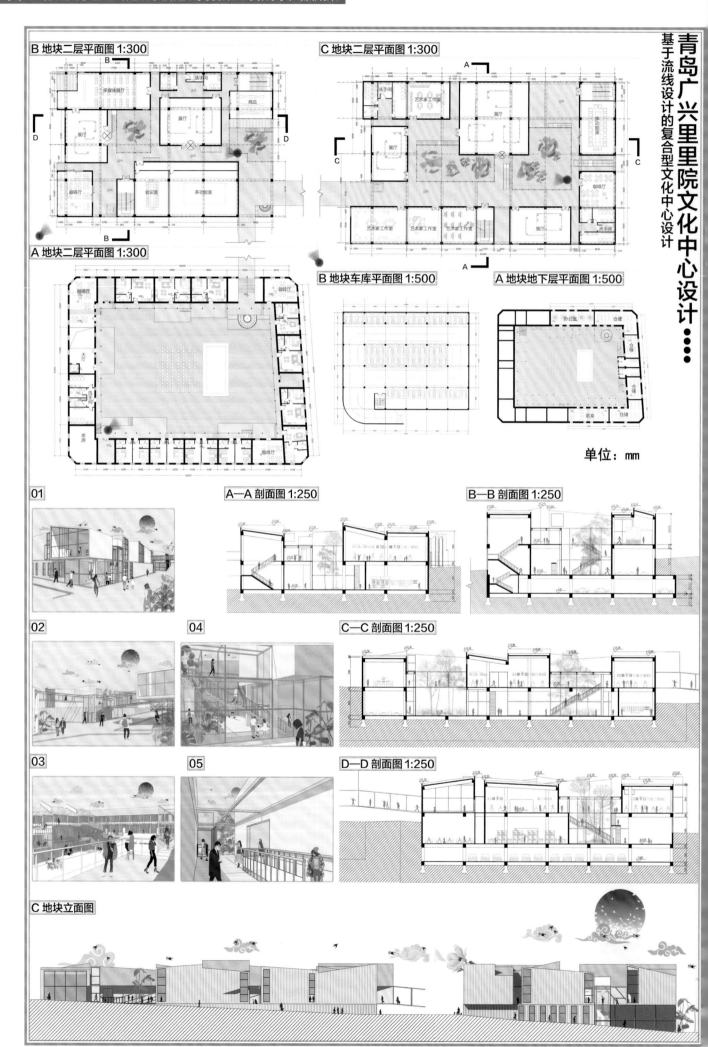

B 地块二层平面图 1:300

C 地块二层平面图 1:300

A 地块二层平面图 1:300

B 地块车库平面图 1:500

A 地块地下层平面图 1:500

单位：mm

01

A—A 剖面图 1:250

B—B 剖面图 1:250

02   04

C—C 剖面图 1:250

03   05

D—D 剖面图 1:250

C 地块立面图

小型酒店大堂服务区面积配比（50间客房以下）		
名称	面积（㎡）	说明
前台区	16~20	长度7.5米左右
休息区	100~110	入口区12~14㎡
大堂吧	30~50	10~20个座位
卫生间	40	
行李房	20~30	

酒店客业厅雅昼区面积配比		
名称	面积（㎡/人）	说明
一般宴会厅	1.2	档次越高面积越大
宴会备会	0.14	存放宴会桌椅
主厨房	0.8	与餐厅面积配比1：2
备厨房	0.4	
食品库	0.2	

基地位于苏州市玉屏山生态园，地处苏州高新区科技城，东距古城苏州13千米，南望穹隆山，西邻苏州太湖湿地公园，北接太湖大道、苏州绕城高速，交通便捷，风光怡人，生态园内山水相映，郁郁葱葱，花鸟虫鱼，生机盎然，宛若世外桃源。项目总建筑面积10263平方米，占地面积3876平方米，容积率0.95，场地分为1号楼与2号楼，1号楼供休闲娱乐、短期住宿，安排大堂、茶室、咖啡吧、棋牌室、客房等，占地2747平方米，建筑面积8760平方米，并设有地下车库，2号楼供会议接待，安排会议室与包厢，占地1129平方米，建筑面积1503平方米。

玉屏客舍基于玉屏山生态园，生态资源丰富，生态园集农、林、牧、副、渔等于一体。在这里你可以真真切切做一回"茶花女"，实实在在当一回"乡村农夫"。

"日出而作、日落而息"，当地古朴的生活方式正是游客向往的。

在漫长岁月的渔业发展基础上形成的太湖渔文化，是人们从事渔业生产实践所取得的物质与精神成果。

观光游客：苏州近郊游客或者邻近省市自驾游客，生活小资，具有一定的文化素养，追求自由的生活。

商务人员：主要为来自苏州高新区的30~45年龄段的中端商务人士，生活品味较高，追求卓越和高品质的生活。厌倦日常的办公环境，向往隐逸的原生态自然环境。

政府接待：文化素质较高，对环境较为挑剔，有的为公务接待，更愿意花费较高的费用享受高质量的服务。

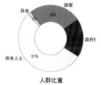
人群比重

消费目的

档次：4星级酒店要求

造价：室内精装修的平均造价在4000元/平方米左右

配套：设备齐全、服务质量好，讲究室内环境艺术，能满足中产旅游者的需要。客人不仅能够得到物质的享受，也能得到很好的精神享受

理念：简约与实用、自然与借景、细节与内涵

人群定位　　　　　　设计方向

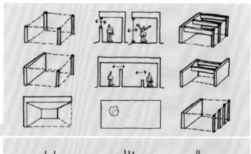

围合　借景　层次

质朴　闲适　隐逸

生态度假性酒店
以乡村农家饮食服务为经营特色
体验回归自然的生活方式
特色文化的熏陶
获得身心的放松和愉悦

水乡篷舍
隐于水乡山野的渔翁篷舍
徜徉于山水之间，感受回归自然的乐趣
体验文化的感染，获得身心放松，感受隐居的闲适

渔歌子
荻花秋，潇湘夜，橘洲佳景如屏画
碧烟中，明月下，小艇垂纶初罢
水为乡，篷作舍，鱼羹稻饭常餐也
酒盈杯，书满架，名利不将心挂

苏州市玉屏山生态园玉屏客舍室内设计

作品名称：苏州市玉屏山生态园玉屏客舍室内设计
学生姓名：徐凯旋
指导教师：陈卫潭　吴捷林
所获奖项：四校四导师2014创基金

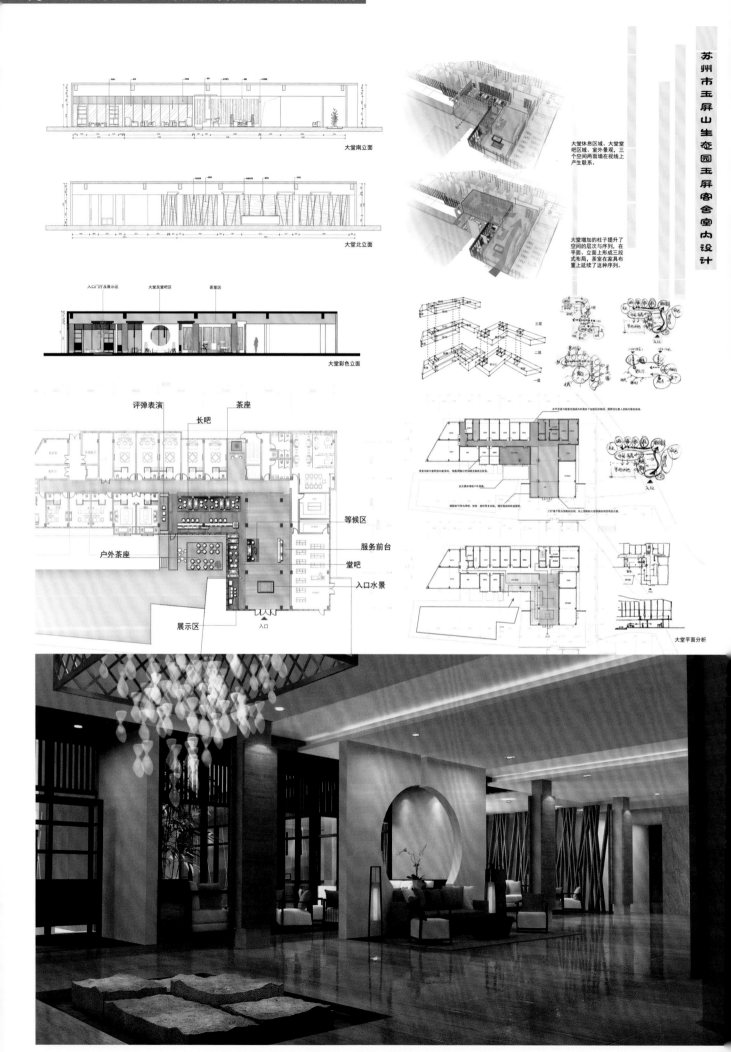

大堂南立面

大堂北立面

入口门厅及展示区   大堂及堂吧区   茶室区

大堂彩色立面

评弹表演

长吧

茶座

等候区

服务前台

堂吧

入口水景

户外茶座

展示区   入口

大堂休息区域、大堂堂吧区域、室外景观，三个空间两面墙在视线上产生联系。

大堂增加的柱子提升了空间的层次与序列，在平面、立面上形成三段式布局，茶室在家具布置上延续了这种序列。

大堂平面分析

苏州市玉屏山生态园玉屏阁客舍室内设计

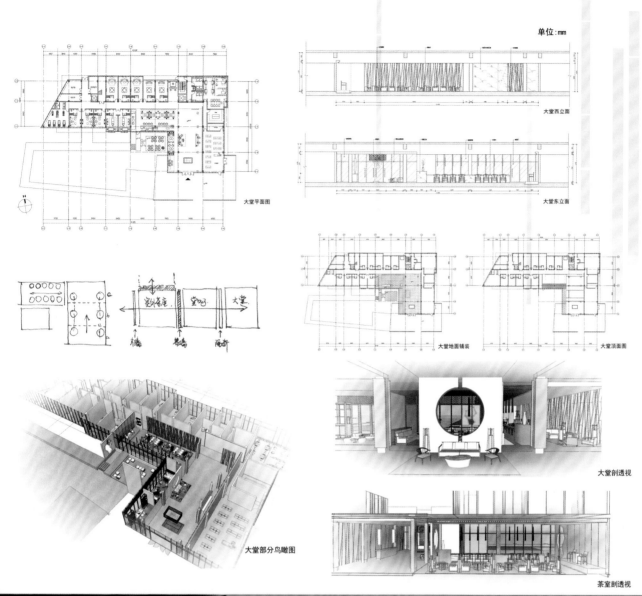

单位:mm

大堂西立面

大堂东立面

大堂平面图

大堂地面铺装

大堂顶面图

大堂剖透视

大堂部分鸟瞰图

茶室剖透视

苏州市玉屏山生态园玉屏客舍室内设计

单位：mm

苏州市玉屏山生态园玉屏客舍室内设计

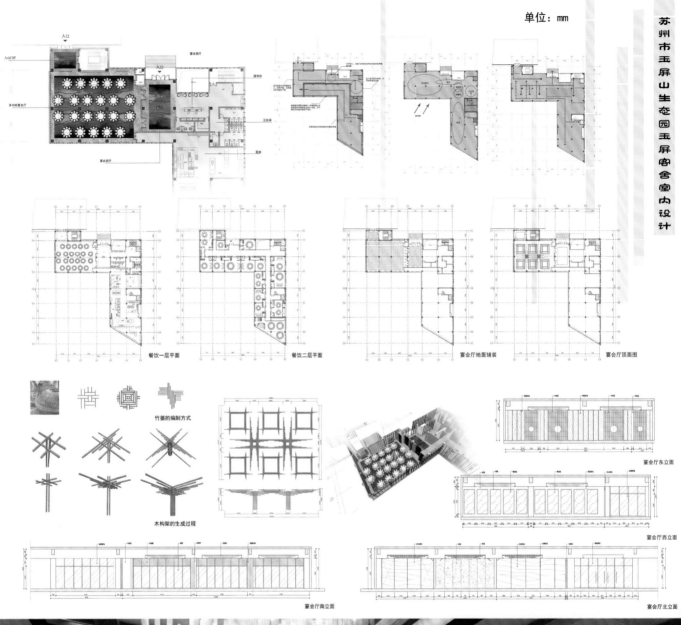

餐饮一层平面

餐饮二层平面

宴会厅地面铺装

宴会厅顶面图

竹篾的编制方式

木构架的生成过程

宴会厅东立面

宴会厅西立面

宴会厅南立面

宴会厅北立面

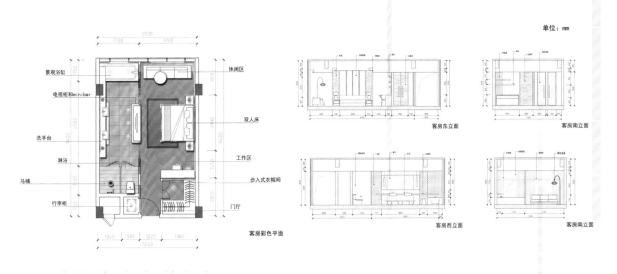

单位：mm

客房东立面　　客房南立面

客房西立面　　客房南立面

景观浴缸
电视柜和minibar
洗手台
淋浴
马桶
行李柜

休闲区
双人床
工作区
步入式衣帽间
门厅

客房彩色平面

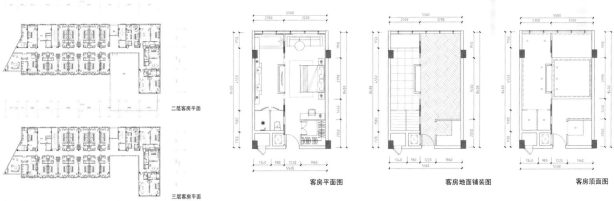

二层客房平面

三层客房平面

客房平面图　　客房地面铺装图　　客房顶面图

休闲区　双人床　工作区　步入式衣帽间　客房区走廊

客房立面图　　　　　　　　平面生成过程

苏州市玉屏山生态园玉屏客舍室内设计

项目概况： 汉中竹园华府大酒店位于陕西省汉中市天汉大道与广场北路的交叉口，周围设施完善，交通便利，而汉中市位于陕西省的西南部，北依秦岭，南靠巴山，汉江横贯其中。地理位置得天独厚，历史上是兵家必争之地。

设计概念： 经过调研发现，汉中在自然风光秀丽的同时又是一座充满历史感的城市，因此汉中的城市气息厚重而不失秀气的，由此提出设计概念元素多宝格。

设计理念： 格、多宝格　物、素　志、立足现代感怀历史

格·物·志 Ⅰ
汉中竹园华府大酒店大堂设计

设计依据： 设计的前期依据包括酒店大堂区的功能关系、流线关系、以及标准的面积配比等。

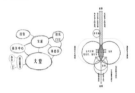

单位：mm

平面优化： 针对建筑的原始平面，结合概念，对平面进行整合、优化。

  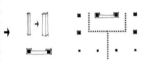 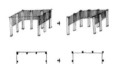

 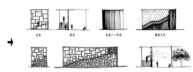 

概念表达： 将概念进一步表达在空间中。

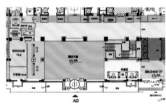 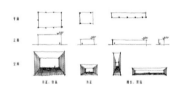 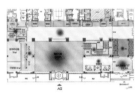

 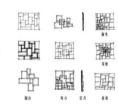 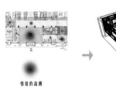 

SU模型透视： 将概念之类运用到透视表达图中。

作品名称：格·物·志——汉中竹园华府大酒店大堂设计
学生姓名：王静思
指导教师：张琦 陈翼飞
所获奖项：四校四导师2014创基金

格·物·志 Ⅱ
汉中竹园华府大酒店大堂设计

空间透视：将概念表达落实在空间中。

CAD图纸：将前期的概念进行量化、规范化。

单位：mm

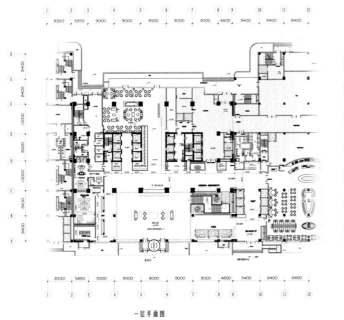

一层平面图

一层地拼图

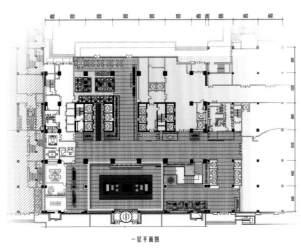

一层平面图

天花造型图

顶、家具、艺术品选择

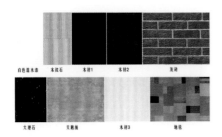

白色墙木漆　木纹石　木材1　木材2　灰砖
大理石　天鹅绒　木材3　地毯

家具意向

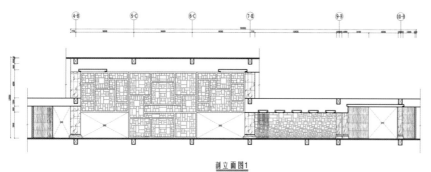

剖立面图1

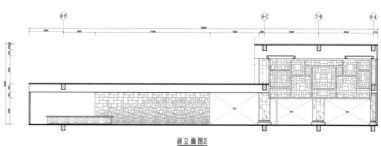

剖立面图2

格·物·志 Ⅲ
汉中竹园华府大酒店大堂设计

设 计 说 明：剖立面图1是东西向自大堂处剖切的剖立面图，明确地表示了前台、大堂、休息区与门厅之间的空间关系；剖立面图2是南北向的剖立面图，它明确地表示了大堂吧与大堂之间的空间关系。

下图为大堂空间的效果图，在大堂四周多宝格界面材质的选择上，没有选用传统的木色，而是选择在木材上刷白色的混水漆，这样做避免了大堂过于沉重与杂乱的局面，同时又表达了我的主题概念，用现代的手法演绎了厚重的形式；而在前台的背景材质的选择上，选用汉中当地特色的灰砖来表现，使其与大堂在形成对比的同时又相得益彰，表达概念。

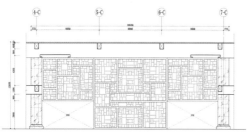

大堂餐立面图2

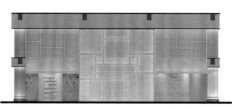

大堂立面图

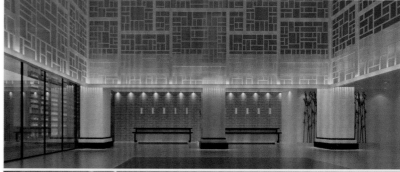

大堂餐立面图1

服务台立面图

设计说明：下图为休息区、走廊及大堂吧入口的效果图。休息区靠近景观楼梯处的隔断采用疏密有致的形式，避免与人的视线交流，靠近南面的休息区隔断是利用古建筑的元素演变而来，同时配以遮阳玻璃，以达到遮阳的效果。而休息区沙发选用米色的天鹅绒材质，营造一种温馨亲切的氛围，同时配以黑色的金属边，又不失现代感，表达主题概念。走廊的形式较为简洁，与紧邻它的大堂形成对比，突出了大堂的效果。而大堂吧则以多宝格面的形式作为引导，同时突出主题。

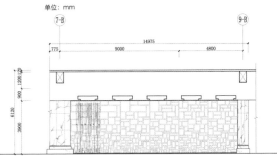

单位：mm

休息区剖立面图1

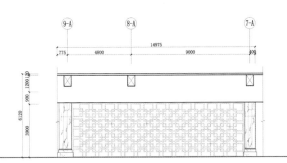

休息区剖立面图2

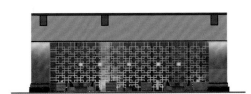

格 · 物 · 志 Ⅳ
汉中竹园华府大酒店大堂设计

作品名称：莲结
学生姓名：董雨馨　肖雯娟　殷开会　唐蒂　郑毅　叶健　张蕊　杨琦
指导教师：张玲玲　钱晓冬
所获奖项：2018"竹境"东南大学联合教学奖

First Floor Plan

Second Floor Plan

Elevation

First Floor Plan

Details

South Elevation

East Elevation

1-1 Section

2-2 Section

Connected · Living

Ryerson University

R Wilkey Chiu
John Zhu

Soochow University

红丹 Hong Dan
曾佳诗 Zeng Jiashi
郭沁梅 Guo Qinmei
袁妮雅 Yuan Niya
孔周阳 Kong Zhouyang

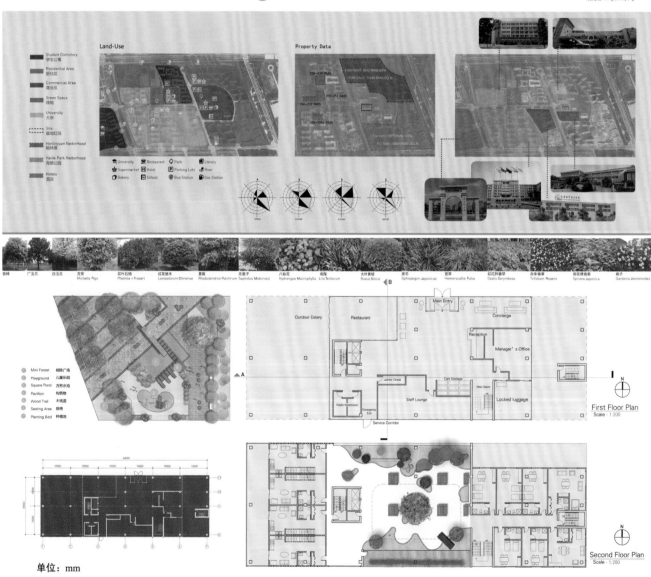

单位：mm

作品名称：木构住宅
学生姓名：红　丹　曾佳诗　郭沁梅　袁妮雅　孔周阳
指导教师：孙磊磊
优秀作业：2015中加联合工作坊作业

Solar Study

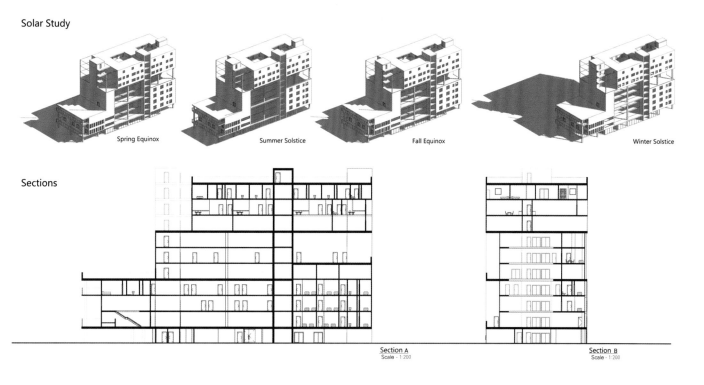

Spring Equinox Summer Solstice Fall Equinox Winter Solstice

Sections

Section A
Scale - 1:200

Section B
Scale - 1:200

Atrium View

Cell Section

Third Floor Plan
Scale - 1:250

Third Floor Plan
Scale - 1:250

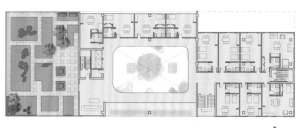

Third Floor Plan
Scale - 1:250

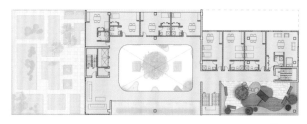

Third Floor Plan
Scale - 1:250

Cell Structure

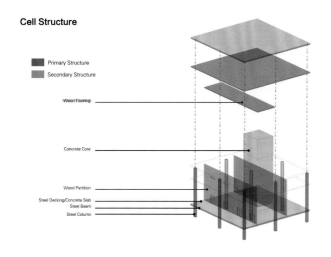

- Primary Structure
- Secondary Structure

Wood Flooring

Concrete Core

Wood Partition
Steel Decking/Concrete Slab
Steel Beam
Steel Column

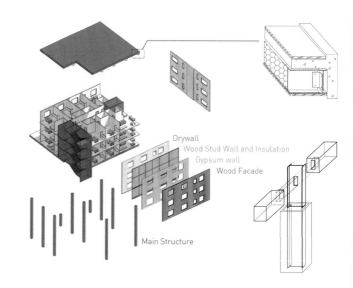

Drywall
Wood Stud Wall and Insulation
Gypsum wall
Wood Facade

Main Structure

Landscape Gardening

ROOF PLAN

Seventh Floor Plan
Scale - 1:250

Eighth Floor Plan
Scale - 1:250

Nineth Floor Plan
Scale - 1:250

Tenth Floor Plan
Scale - 1:250

涟漪 | Ripple

每个人都必须意识到其个人行为的后果，其结果有好有坏，但最后，所有的行为都会导致一系列连锁反应，就像平静的水面被激起波纹一样。

在嘉馥农场，绿色循环是成功的关键。这个循环是一个可持续的循环，来自养殖猪，粪便被作为农场的肥料和餐厅的沼气。在农场种植的农产品被用于多家连锁餐厅。

正如嘉馥农场的绿色循环一样，这个项目使整个建筑的行程成为一个连续的教育循环。从一环到另一环，游客获得更多有关农场的知识，就像水面被激起的波纹越来越大一样。

该综合体由公共区域和私密区域两部分组成，包括教育设施、科学中心、酒店和数据中心。这些空间与一系列和户外地板相连的庭院及框架景观相互连接。受到农场组织及其绿色技术的启发，该建筑引入了一条连续的道路，使游客在穿过这个复杂的道路之前就可以观察农场的接送区域。

该项目也是美丽的自然和农场扩张之间的纽带。有机形式模仿河流和山丘。建筑非常优雅地采用了简约的预制板和徽派建筑的基本概念。

A person must realize the consequences of his actions. It may be a good or bad result, but in the end, all actions will lead to a chain reaction, just like a ripple in the water.
In the Jiafu Farm, a green cycle is the key to success. The cycle is a sustainable loop from growing pigs, using their feces as fertilizer for the farm and as biogas for the restaurants. The produce grown in the farm is used in multiple restaurant chains.
Like the cycle of Jiafu Farm, this project is organized so that the journey through the building is a continuous loop of education. From one program to another, the visitor gains more knowledge of the farm, just like how the ripple grows bigger and bigger.
The complex consists of public and private zones that include education facilities, science centre, hotel and data centre. The spaces are interconnected with series of courtyards and framed views that are linked together with deck. Inspired by organization of the farm and their green technology, the building introduces a continuous path that takes you throughout this complex prior visiting the farm pick-up areas.
The project is also a link between beautiful nature and the expansion of the farm. Organic forms mimic the river and the hill. The building is elegant with the minimalist colour palette and the essential concepts of Hui architecture.

Site Plan 1:500

流水有意山有形
早春晚秋风自鸣
闹市归来何出栖
无名河边伴月影

作品名称：涟漪
学生姓名：乔译楷　景奇　李东会　张宁　李晓然　伊丽雅
指导教师：孙磊磊　廖再毅　王洪羿
优秀作业：2018中加联合工作坊作业

North Elevation 1:250

East Elevation

West Elevation 1:250

Section A-A

Section B-B 1:250

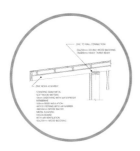

Roof to Wall Detail

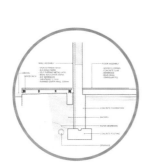

Footing Detail

Structural Grid

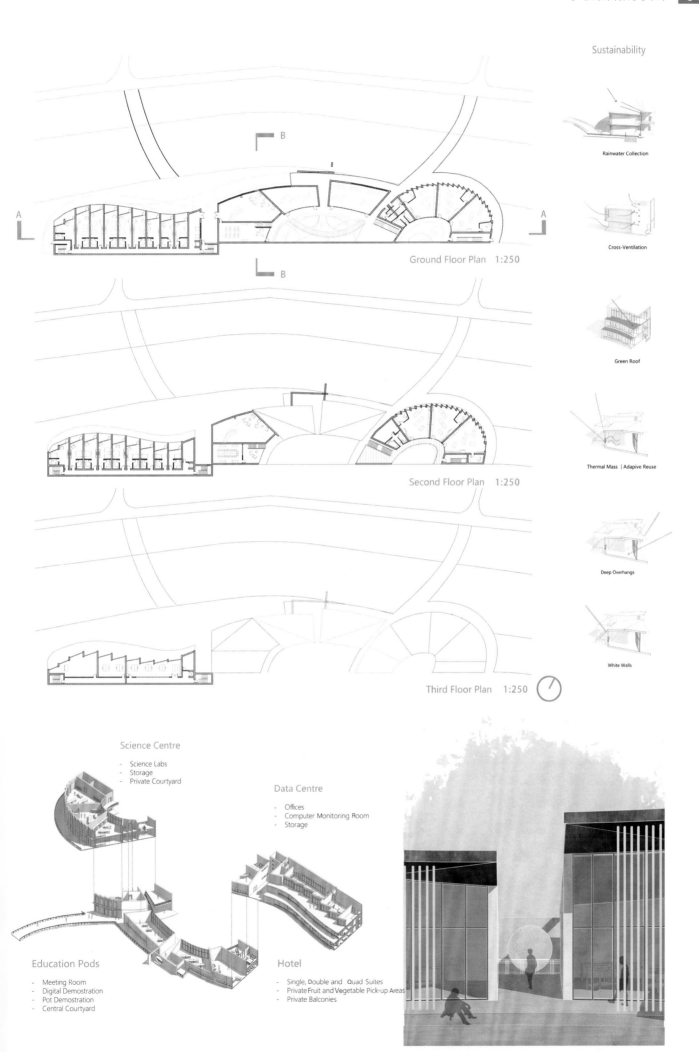

Sustainability

Rainwater Collection

Cross-Ventilation

Green Roof

Thermal Mass | Adapive Reuse

Deep Overhangs

White Walls

B

A   A

B

Ground Floor Plan   1:250

Second Floor Plan   1:250

Third Floor Plan   1:250

Science Centre

- Science Labs
- Storage
- Private Courtyard

Data Centre

- Offices
- Computer Monitoring Room
- Storage

Education Pods

- Meeting Room
- Digital Demostration
- Pot Demostration
- Central Courtyard

Hotel

- Single, Double and Quad Suites
- Private Fruit and Vegetable Pick-up Areas
- Private Balconies

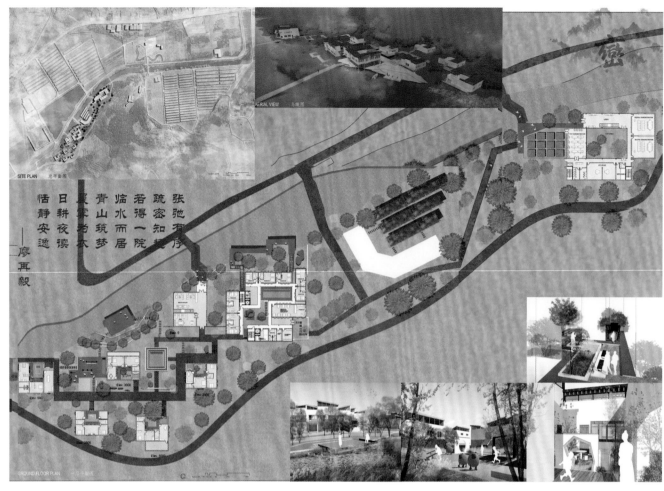

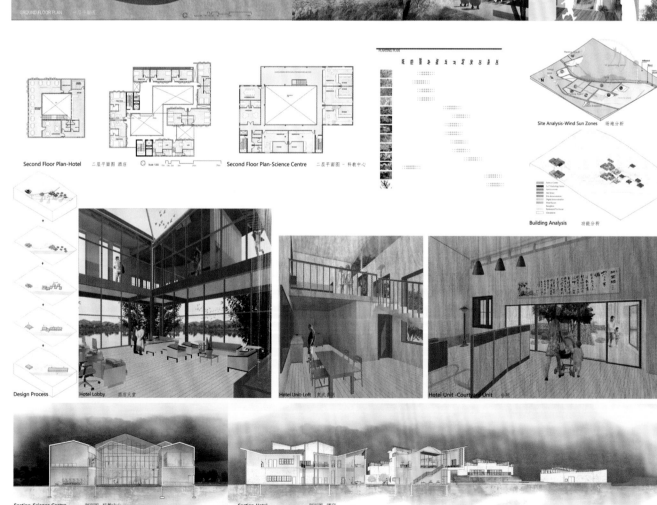

作品名称：峦
学生姓名：关 迪 石冰捷 虞小舟 杨旭晖 丁亚挺 鲁佳颖
指导教师：廖再毅 张 靓 刘韩昕
优秀作业：2018中加联合工作坊作业

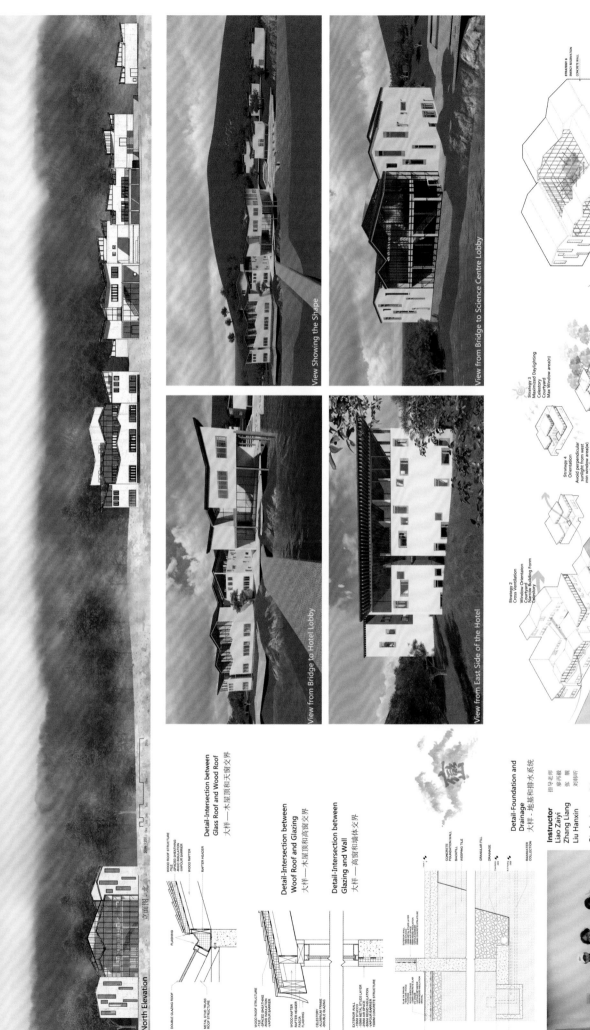

North Elevation
立面图-北

Scale 1:200

Detail-Intersection between
Glass Roof and Wood Roof
大样—木屋顶和天窗交界

DOUBLE GLAZING ROOF
METAL TRUSS ROOF STRUCTURE

WOOD ROOF STRUCTURE
TILE
-SPACED SHEATHING
-RIGID INSULATION
-VAPOUR BARRIER
WOOD RAFTER
RAFTER HEADER
FLASHING

Detail-Intersection between
Woof Roof and Glazing
大样—木屋顶和商窗交界

Detail-Intersection between
Glazing and Wall
大样—高窗和墙体交界

Detail-Foundation and
Drainage
大样·地基和排水系统

CONCRETE FOUNDATION WALL
BACKFILL
WEEPING TILE
GRANULAR FILL
DRAINAGE
RAINWATER COLLECTION

View Showing the Shape

View from Bridge to Science Centre Lobby

View from Bridge to Hotel Lobby

View from East Side of the Hotel

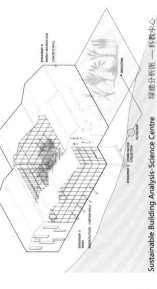

Sustainable Building Analysis-Science Centre
绿建分析图—科教中心

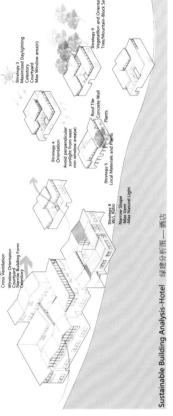

Sustainable Building Analysis-Hotel　绿建分析图—酒店

Strategy 2
Cross Ventilation
Window Orientation
Courtyard
Narrow Building Form
Clerestory

Strategy 3
Maximized Daylighting
Clerestory
Courtyard
Max Window area(n)

Strategy 4
Orientation
Avoid perpendicular
sunlight from west
min window area(n)

Strategy 5
Local Materials and Plants
Roof Tile
Concrete Wall
Plants

Strategy 8
W/L Ratio
Narrow Shape
-Max Vent
-Max Natural Light

Strategy 9
Vegetation and Orientation
Tree/Mountain-Block-SEwind

Instructor 指导老师
Liao Zaiyi 廖再毅
Zhang Liang 张 靓
Liu Hanxin 刘翰昕

Student 学生
Guan Di 关 迪
Shi Bingjie 石冰婕
Yu Xiaozhou 虞小舟
Yang Xuhui 杨恒晖
Ding Yating 丁亚挺
Lu Jiaying 鲁佳颖

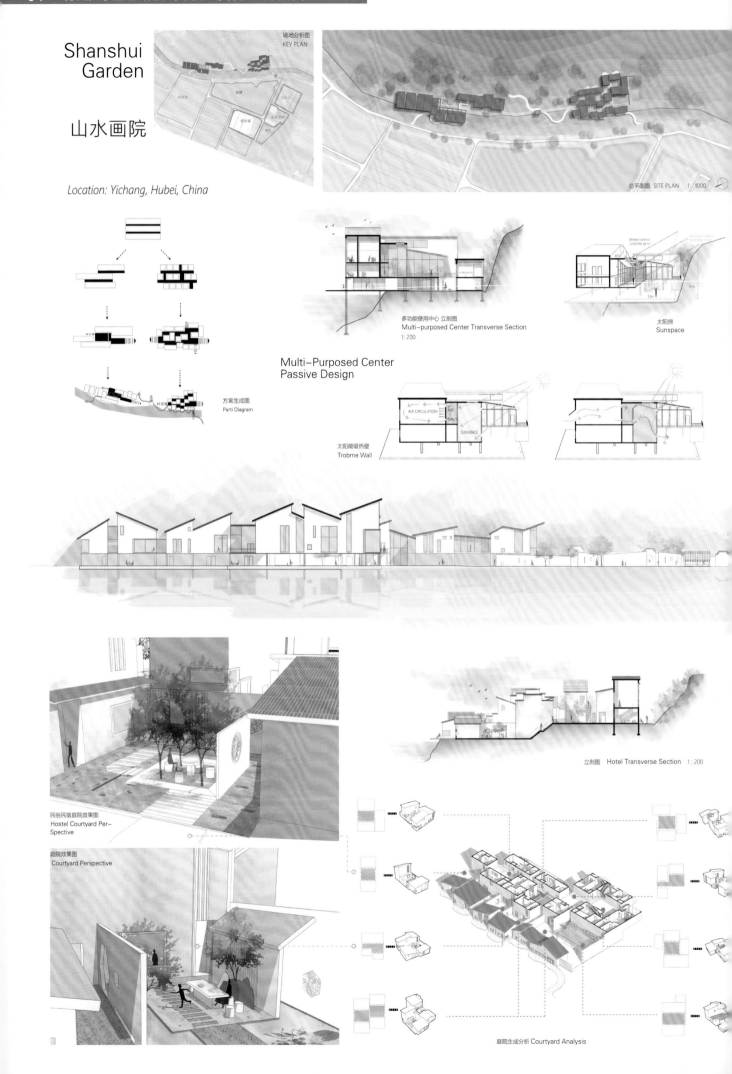

Shanshui Garden

山水画院

Location: Yichang, Hubei, China

场地分析图
KEY PLAN

总平面图 SITE PLAN　1:1000

方案生成图
Parti Diagram

多功能使用中心 立剖图
Multi-purposed Center Transverse Section
1:200

太阳房
Sunspace

Multi-Purposed Center Passive Design

太阳能吸热壁
Trobme Wall

AIR CIRCULATION

AIR SPACE

SUNSPACE

民俗民宿庭院效果图
Hostel Courtyard Per-Spective

庭院效果图
Courtyard Perspective

立剖图　Hotel Transverse Section　1:200

庭院生成分析 Courtyard Analysis

廊道效果图 Pathway Perspective

设计分为两部分，民宿部分结合传统徽派民居的元素将每一幢民宿汇聚于一水、一山、一院之中。通过连廊、院落空间、街巷、马头墙、坡屋顶、园林造景的精细化设计展示了动与静，声与色，形与意。这里的对话方式是人与水、人与山、人与院。煮茶品茗里，有一种含而不露的情感。恍若画框，将外面的天高海阔、壮丽美景都融入窗内，揉成了处变不惊的岁月。

This design is divided into two parts. Combining with the elements of traditional Huistyle architecture, the hostel part gathers each individual house along the water, along with the mountain, and between the courtyards, through the refinement of the corridor, courtyard space, street lane, Matou wall, sloped roof and garden framing, the dynamic and still , sound and color , shape and meaning are displayed. The dialogue here is between man and water, man and mountain, man and courtyard. The experience between the architecture and gathering space frames the magnificent surrounding into the window scenery.

鸟瞰效果图 Bird' S eye Voew

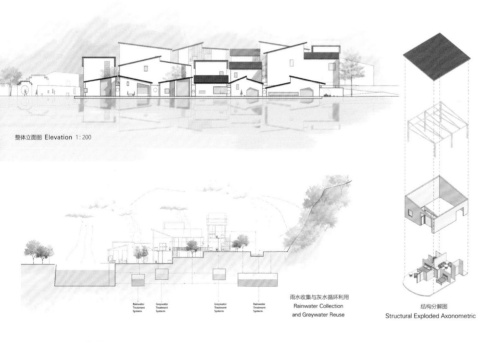

整体立面图 Elevation 1:200

雨水收集与灰水循环利用
Rainwater Collection
and Greywater Reuse

Rainwater Treatment Systems   Greywater Treatment Systems   Greywater Treatment Systems   Rainwater Treatment Systems

结构分解图
Structural Exploded Axonometric

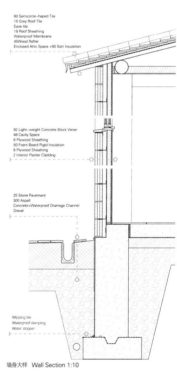

60 Semicircle-haped Tile
15 Grey Roof Tile
Eave tile
18 Roof Sheathing
Waterproof Membrane
45Wood Rafter
Enclosed Attic Space +80 Batt Insulation

92 Light-weight Concrete Block Vener
48 Cavity Space
6 Plywood Sheathing
50 Foam Board Rigid Insulation
6 Plywood Sheathing
2 Interior Plaster Cladding

25 Stone Pavement
300 Asplalt
Concrete+Waterproof Drainage Channel
Gravel

Wpping tile
Waterproof damping
Water stopper

墙身大样 Wall Section 1:10

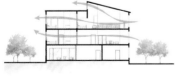

自然通风
Natural Ventilation

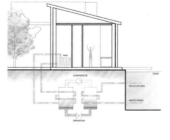

集成太阳能板
Solar Photovoltaic Panel

水源热泵
Water Source Heat Pump
(WSHP)

Project Name: （山水画院）
Shan Shui Garden

Team Members:
Ryerson University : Hong Chen（陈宏）, Shimin Huang （黄诗敏）
Soochow University : Cynthia Liu（刘琪）, Jinju Zhang （张金菊）
Bess Ning（宁镜蓉）, Zhenglin He（何政霖）

Instructors:
Ryerson University : Zaiyi Liao（廖再毅）
Soochow University: Gefei Ding（丁格菲）

一院一故事
树影月入池
伊人临窗处
河风待故知
杯酒诉情怀
顿觉归来迟
落叶有深情
悄然归故枝

WAY
——Jiafu Farm Design
"之"路

89 m

91 m

93 m

95 m

舒展曲直缠松林
依山就势藏神韵
一道通幽青石路
任由烟雨半月明

作品名称："之"路
学生姓名：Julia Marissa Calvin Emilie Kin Linda
指导教师：Prof. Liao; Prof. Zhao; Prof. Shawn
所获奖项：2018中加联合工作坊

Site Plan

WAY
Jiafu Farm Design

WAY
Jiafu Farm Design

Passive Heating

Ventilation:Rising

Winter Solstice

Summer Solstice

Perspective

by Absorbing the Solar Energy,Bulidings Achieve Energy Saveings

Etc.

Education Facility　　Tea House　　Reception Atrium

the Roof Plane

Different Types of Solar panels

Roof Runoff

Hysteresis Storage Poo/landscape Pool

the Ground Water

Flushing

Afforestation Irrigation

Etc.

Rainwater Header　Soll Filter

Sand Filter

Rain intercepts Pollution hanging basket

Rainwater scavenger Filters

Rainwater Filter

Purification Unit

Promote Mercury

Water Storage Tank

A-A Section

0　2　4
1　3　5M

B-B Section

C-C Section

Site Elevation

0　10　20
5　15　25

优秀设计课程作业

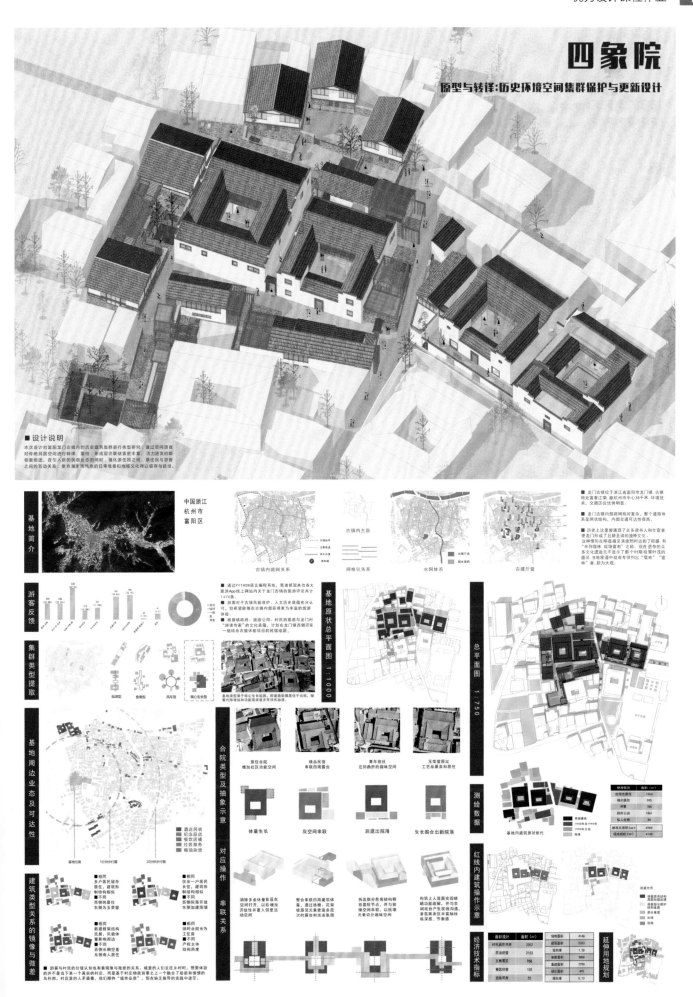

四象院
原型与转译:历史环境空间集群保护与更新设计

■ 设计说明

本次设计对富阳龙门古镇内的历史建筑集群进行类型研究,通过空间语言对传统民居空间进行转译、重构,形成层次联系丰富、活力迸发的新邻里重组,在引入新的民宿业态的同时,强化原住民之间、居住民与游客之间的互动关系,使充满生活气息的日常场景和地域文化得以留存与延续。

■ 龙门古镇位于浙江省富阳市龙门镇,古镇地处富春江南,距杭州市中心38千米,环境优关,交通区位优势明显。

■ 龙门古镇内部路网相对复杂,整个道路体系呈网状结构,内部望通可达性极高。

■ 历史上这里曾涌现了众多诸书人和仕宦者,使友门形成了且耕且读的独特文化。

基地简介

中国浙江
杭州市
富阳区

古镇内通网关系　　网格状关系　　水网体系　　古建厅堂

游客反馈

■ 通过PYTHON语言编程系统,笔者收集双来自各大旅游App线上网站内关于龙门古镇的旅游评论共计1474条;

■ 游客对于古镇风貌保护、人文历史底蕴充满认可,但希望能够体会古镇所原体现更为丰富的游赏体验。

■ 根据镇政府、旅游公司、村民的意愿与龙门村"孝廉传家"的文化底蕴,计划在龙门镇西侧开发一组以农庄体验项目的民宿社团。

基地原状总平面图 1:1000

集群类型提取

基地类型基于核心生长原型,即便集群蔓延居于台院,陈著代际地增加功能需要演进更好的生理。

纵列型　　鱼脊型　　风车型　　核心生长型

总平面图 1:750

基地周边业态及可达性

酒店民宿
纪念品店铺
餐饮店铺
社区服务
其他杂物

基地位置　　5分钟步约圈　　10分钟步约圈

合院类型及抽象示意

居住合院
增加社区功能空间

精品民宿
串联四周露台

青年旅社
泛回曲折的趣味空间

玉荣堂原址
工艺品展美和居住

对应操作

体量生长

灰空间串联

后退出院落

生长围合出新院落

测绘数据

基地内建筑原状年代

使用情况	面积(m²)
常年居住性	1565
偶尔居住性	045
闲置	765
政府公服	1861
私人物管	30
建筑总占面积(m²)	5995
场地总面积(m²)	4140

建筑类型关系的镜像与微差

相同
多户民居留存为居住;建筑形制结构相似
不同
西侧商居住
东侧为玉荣堂

相同
仅一户居民留长住;建筑形制结构相似
不同
东侧院落开放
东侧加建图廊

相同
新建框架结构
民居、风貌体态相似
不同
西侧临街空间
东侧利为民居性

相同
旧村合院生长为工作房
不同
东侧均活样
产生主体结构关系不同

红线内建筑操作示意

	改造方式

串联关系

清拆多余体量首层灰空间打开,以标增加开放性并提升活动空间

整合串联四周建筑体量,通过楼梯、花架连接不同素贯通多层次的露台和诸流集图

拆改部分危房结构释放露天节点,并与宗祠视结合产生视线沟通,首层展通区丰富脉络纵深感、节奏感

构筑上人屋面重实现缝堆砌边起架,并与宗祠视结合产生视线沟通,首层展通区丰富脉络纵深感、节奏感

经济技术指标

面积统计	面积(m²)	地块面积	4140
村民居住性	2052	建筑面积	5333
民宿经营	2153	容积率	1.28
文集展览	958	硬质铺地	3059
餐饮经营	105	绿地面积	2700
设备用房	55	绿化面积	495
		绿化率	0.12

延伸用地规划

■ 游客与村民的价值认知也有着镜像与微差的关系。城里的人引以去乡村村,憧憬着世外的不是也下是一个真实的村庄,而是基于村庄物质背景之上一个融合了经济和情愫的乌托邦。村庄里的人矛盾着,他们期待"城市品质",但在缺无指导的实践中迷茫。

作品名称:四象院——原型与转译:历史环境空间集群保护与更新设计
学生姓名:李澜珺
指导教师:孙磊磊
所获奖项:江苏省优秀毕业设计(2018)

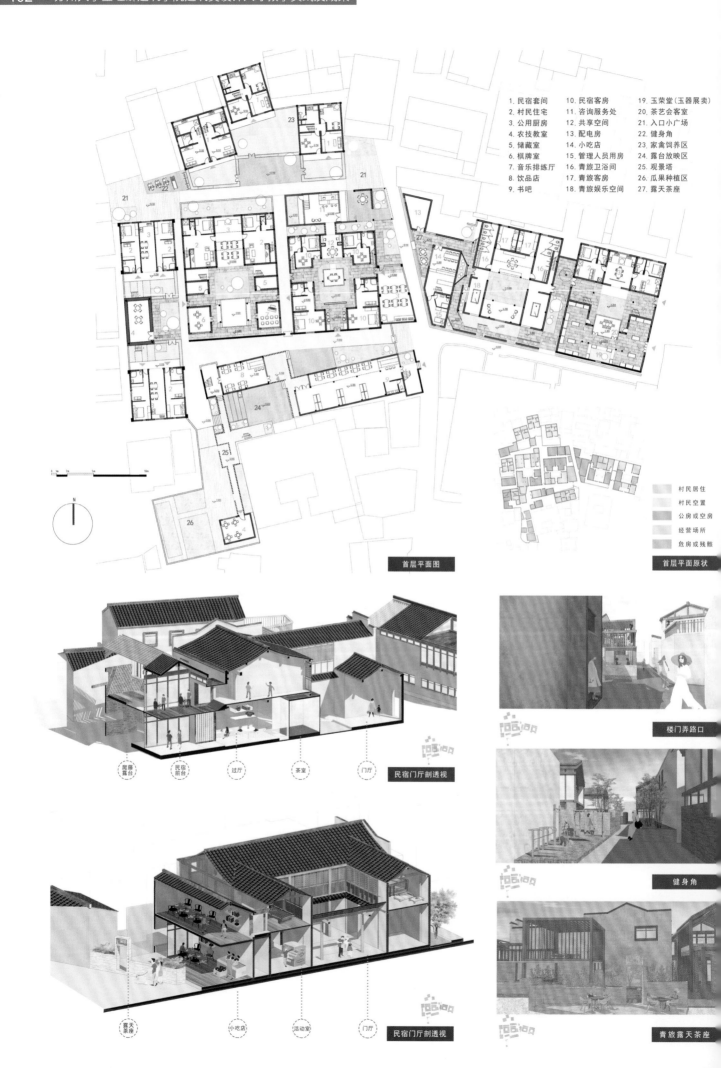

1. 民宿套间　10. 民宿客房　19. 玉荣堂(玉器展卖)
2. 村民住宅　11. 咨询服务处　20. 茶艺会客室
3. 公用厨房　12. 共享空间　21. 入口小广场
4. 农技教室　13. 配电房　22. 健身角
5. 储藏室　14. 小吃店　23. 家禽饲养区
6. 棋牌室　15. 管理人员用房　24. 露台放映区
7. 音乐排练厅　16. 青旅卫浴间　25. 观景塔
8. 饮品店　17. 青旅客房　26. 瓜果种植区
9. 书吧　18. 青旅娱乐空间　27. 露天茶座

首层平面图

村民居住
村民空置
公房或空房
经营场所
危房或残骸

首层平面原状

爬藤露台　民宿前台　过厅　茶室　门厅

民宿门厅剖透视

楼门弄路口

健身角

露天茶座　小吃店　活动室　门厅

民宿门厅剖透视

青旅露天茶座

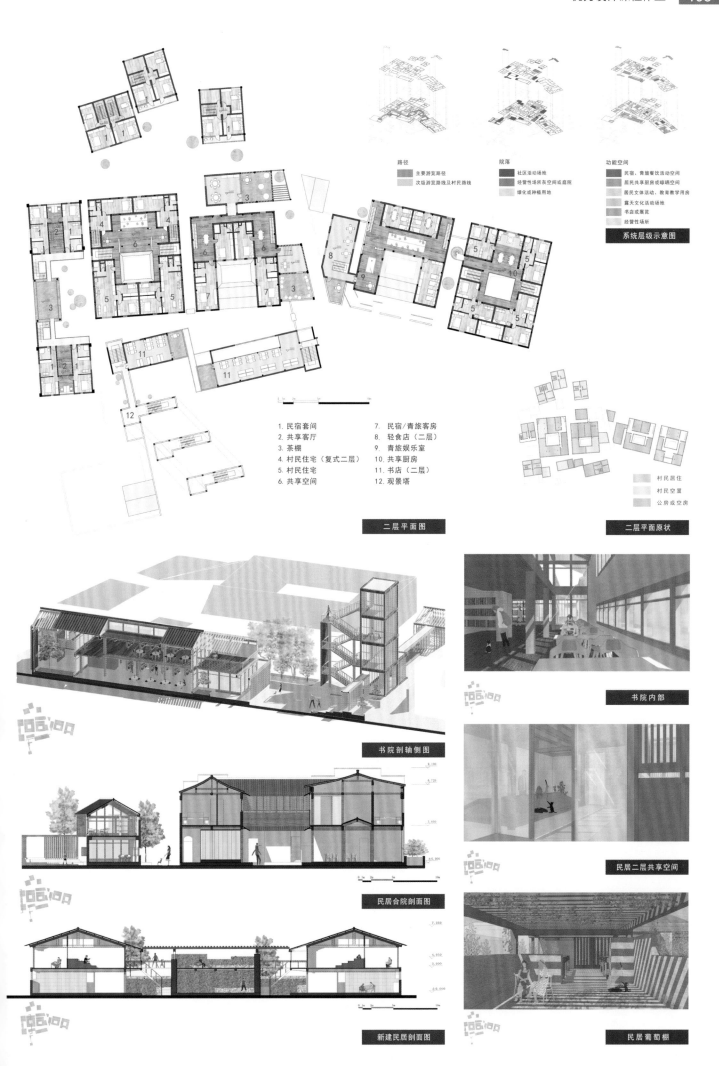

路径
■ 主要游览路径
■ 次级游览路线及村民路线

院落
■ 社区活动场地
■ 经营性场所灰空间或庭院
■ 绿化或种植用地

功能空间
■ 民宿、青旅餐饮活动空间
■ 居民共享厨房或晾晒空间
■ 居民文体活动、教育教学用房
■ 露天文化活动场地
■ 书店或展览
■ 经营性场所

系统层级示意图

1. 民宿套间
2. 共享客厅
3. 茶棚
4. 村民住宅（复式二层）
5. 村民住宅
6. 共享空间
7. 民宿/青旅客房
8. 轻食店（二层）
9. 青旅娱乐室
10. 共享厨房
11. 书店（二层）
12. 观景塔

二层平面图

■ 村民居住
■ 村民空置
■ 公房或空房

二层平面原状

书院剖轴侧图

书院内部

民居合院剖面图

民居二层共享空间

新建民居剖面图

民居葡萄棚

锯木型材椽条通过
钢节点板固定在椽子上

小青瓦

椽条与上盖
隔水保温层

椽子

锯木型材椽子通过
钢节点板固定在钢结构梁架上

H型钢靴板以木饰面板覆盖
并用螺栓固定后与卵石墙内
的预埋件铆接

外围护层

新建民居构造节点示意

合院二层共享空间
可供晾晒、聚会用

书院南侧小广场
连接观景塔，可作为露天放映场

基地西南角开垦菜地
居民种植瓜果蔬菜，书斋可作为中小学课外实践教学点

书院入口

结构与平面分层轴测图

1. 滴水瓦当
2. 木质封檐板
3. 金属折板滴水
4. 竹编卷帘
5. 角钢
6. 预埋金属件
7. 深色金属盖板
8. C型钢
9. 条形灯带
10. U型钢
11. 预埋金属件
12. 旧结构木板
13. 密封防水层
14. 防水地板面层
15. XPS保温板

16. 胶结材料
17. 木质面层
18. 深色金属框
19. 填充材料
20. 弹性垫层
21. 抹灰面层
22. 镜面板
23. 防腐木板面层
24. LOW-E玻璃
25. 深色金属封边条

玻璃茶棚剖面平面大样　1:10

民宿二层屋顶花园

民宿青旅沿楼园弄的露台

青旅门前曲折巷道与小吃店

玉荣堂内天井与会客茶室

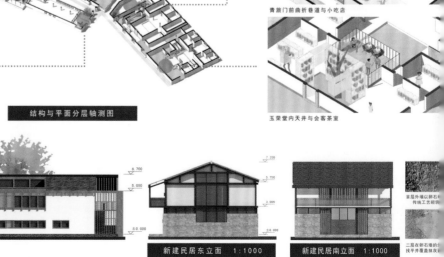

书院北立面　1:1000　　新建民居东立面　1:1000　　新建民居南立面　1:1000

课程体系 Course System

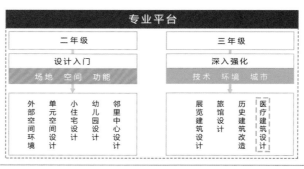

基础平台	专业平台		综合平台
一年级	二年级	三年级	四年级
设计基础	设计入门	深入强化	综合拓展
兴趣 认知 构成	场地 空间 功能	技术 环境 城市	实践 应用 提升
美术基础　设计构成　环境认知　建筑表达　建造实验	外部空间环境　单元空间设计　小住宅设计　幼儿园设计　邻里中心设计	展览建筑设计　旅馆设计　历史建筑改造　医疗建筑设计	居住区与住宅设计　城市综合体设计　高层建筑与设计　建筑师业务实习　毕业设计

教学组织 Teaching Organization

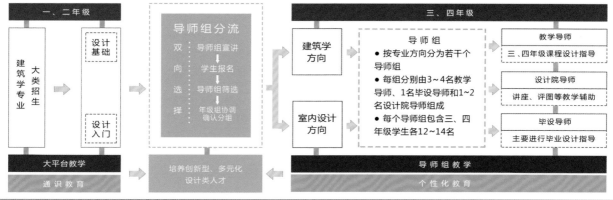

建筑学专业大类招生 → 设计基础 / 设计入门 → 导师组分流（双向选择：导师组宣讲、学生报名、导师组筛选、年级组协调确认分组）→ 建筑学方向 / 室内设计方向 → 导师组

导师组：
● 按专业方向分为若干个导师组
● 每组分别由3~4名教学导师、1名毕设导师和1~2名设计院导师组成
● 每个导师组包含三、四年级学生各12~14名

教学导师——三、四年级课程设计指导
设计院导师——讲座、评图等教学辅助
毕设导师——主要进行毕业设计指导

大平台教学——通识教育　培养创新型、多元化设计类人才　导师组教学——个性化教育

教学目标 Teaching Target

环境认知——对社区环境进行多角度调查，如建筑环境、人群构成、交通环境等。
设计定位——根据调研及选取的建筑范例分析，确立该社区医院的定位及空间特点，并着重在设计中延伸发展。
专题研究——着重选取某一专题研究，深入分析、综合、认知，并应用到医院设计中。
知识运用——研读和学习国内外医疗建筑设计导则与规范，综合西方国家医疗建筑与国内医院建筑设计的手法，在设计中充分应用。
多态表达——鼓励在形体与空间设计上的惯例突破及设计工具的多样性，强调表达的逻辑性与深入程度。

教学特色 Teaching Characteristics

1.加强实地调研及范例认读解析
通过实地调研确定社区医院的定位，实现从传统二级医院到社区服务中心、社区医养结合的方向转型；通过广泛查阅医院范例，对国内外医院建筑空间进行整合、分析，学习借鉴。

2.鼓励打破常规与自调整任务书
在充分调研与空间、行为分析的基础上，鼓励对社区医院进行空间设计的创新研究；设计内容可以在教学指导书的指导下进行空间配置自调整，可根据调研分析，确定适合并有弹性发展空间的功能区及面积。

3.选取某项专题深入研究并展开
针对医院设计相关的课题，选取病房设计、无障碍设计、标识设计、诊室设计、交通空间设计、ArchiCAD & BIM设计等6个专题，通过各组汇报与交流达到对医院设计最大广度与深度的认知，保证在课程相对短的时段内最大化深入医院建筑设计细节。（附图为基于人体工学的诊室平面专题研究，其余专题见作业点评部分）

4.教学导师与设计院导师穿插介入
教学导师与设计院导师穿插介入是本次导师组教学的特别之处，即在教学即导师的主导下，按设计深度穿插设计院导师介入辅导与评图环节，使学生在设计中吸收不同视角、不同关注点的意见和建议，有助于设计的全方位思考与完善。

案例学习 Project Study

哥本哈根癌症咨询中心	斯里兰卡残疾人用房	丹麦North Zealand区新医院	日本朝日町诊所	新加坡黄廷芳医院
7个小建筑体群形成序列不同而又连贯的功能区，采用不同的屋顶高度和材料形式，通过内外空间的联系，以及室内氛围的营造，形成非医疗环境的医疗建筑。	用众多庭院打破了较为密实的体量，每个房间都可通往庭院，以加强社区归属感，解决采光通风的问题。充分考虑无障碍设计，体现了以人为本的设计理念。	长廊穿越园区，允许所有人在欣赏享受美景的同时不影响建筑功能。内部区域被集为儿童游乐空间，给患者宾至如归的感受。	建筑基地局促，但通过体量错动、渐变上升的坡屋顶和室内空间尺度的精准控制，创造出功能齐全气质亲切的空间序列。	医院与周边的商圈、公共交通紧密有机衔接，通过建筑内屋顶花园和垂直绿化等设施营造性能舒适的医疗环境。其病房布局也体现了创新和以人为本的设计理念。

作品名称：医疗类建筑——社区医院建筑设计（教案）
教　师：赵秀玲
所获奖项：2016全国高校建筑设计教案/作业观摩和评选优秀教案

任务指导
Mission Specification

一. 设计目的

1. 学习并掌握中小型综合性医院建筑的设计方法：针对不同使用对象，设计相应的建筑空间，并解决好各功能区之间的关系，使之分区明确，流线清晰，既彼此联系又互不干扰，达到国家相关规范要求。

2. 学习医院建筑空间的特点，熟悉相关建筑规范，了解医院各流线及区域功能的分析方法。

3. 了解绿色建筑设计的要点，掌握被动式设计的原理和方法。

4. 熟悉有关建筑设计规范，了解并掌握相关的材料和构造做法。

应重点注意以下三方面的学习。

（1）场地设计：综合地段的地形条件、规划条件、规范要求；周边城市建筑环境、交通环境，处理好建筑总体布局、地段内外的各类人车流交通布局，各类型入口的设置，场地停车、绿化环境设计。

（2）建筑设计：正确理解相关规范与指标，组织好各功能空间的组合及主次流线关系，了解并掌握相关类型建筑的基本特征；综合建筑平面、立面的设计，营造室内外协调统一的空间组合和外观造型。

（3）技术设计：在深入了解医院空间特点的基础上，分析相关设备、行为模式对空间处理的影响，并结合智能、节能、生态、无障碍等设计因素综合考虑。

二. 设计内容

1. 基址

设计用地位于苏州工业园区独墅湖科教创新区内，用地北侧毗邻文景路，由城市河道相隔，东侧为独墅湖高教区学生服务中心及相关用地，一路之隔与科教区学生宿舍相邻，西侧为城市绿化带，紧邻林泉街，南侧为城市道路，可设置出入口。用地详细情况参见总图及用地范围图。

2. 功能要求

独墅湖科教创新区医院定位为社区医院，主要服务于科教创新区内的学生、教师，以及其他居住人群的就诊、住院、保健、咨询等。主要功能包含以下方面。

（1）小型急诊中心：包括诊室、治疗室、注射室、输液室、抢救室、手术室、护士站、观察室、值班更衣、急诊候诊、卫生间、污洗厕所等。

（2）门诊部：要求包括各类诊室及相关空间，诊室如内科、外科、妇产科、眼科、耳鼻喉科、口腔科、中医科、皮肤科、传染科等；相关空间有挂号、收费、药房、注射、抽血、引流灌肠、输液、治疗等候、办公接待、保健、杂用库、卫生间、污物间等。

（3）医技影像部：主要包括X光室、B超室、心电图室、检验室、病理室等，不要求设置CT室、核磁共振室、血管造影室等。

（4）理疗保健部：提供预防保健及理疗服务，如光疗、电疗、水疗、热疗、泥疗；按摩、针灸、拔罐等。

（5）住院部：提供较小规模的床位，为一般服务、手术康复期、日间护理、慢性病，以及临终护理提供服务。

（6）手术部：用于日常日间手术。包括手术室、洗手室、护士室、换鞋处、男女更衣、男女浴厕、消毒室、消毒器械储藏室、清洗室、污物室、库房等。

（7）辅助空间：如管理办公、供应、餐饮、能源、工作间等。

3. 设计要求

（1）根据建筑功能，合理选择结构形式，并处理好各类空间的有机联系和转换。

（2）就诊和住院区应采用自然通风及采光，为医、患及其他工作人员营造舒适、健康的环境。

（3）掌握被动式节能的设计方法。要求设计中充分考虑气候、场地要素，通过建筑设计手段实现自然采光、良好的通风、对太阳能的充分利用等，以达到最低耗能。具体的节能设计措施须结合设计具体分析表达。

三. 参考资料

《建筑设计资料集（7）》，中国建筑工业出版社
《建筑设计防火规范》GB 50016—2014
《民用建筑设计通则》GB 50352—2005
Health Building Note 00-01 General Design Guidance for Healthcare Buildings
Health Building Note 00-02 Sanitary Spaces
Health Building Note 00-03 Clinical and Clinical Support Spaces
Health Building Note 00-04 Circulation and Communication Spaces
Health Building Note 00-07 Plannning for a Resilient Estate
Health Building Note 00-09 Infection Control
Health Building Note 04-01 Adult In-patient Facilities
Health Building Note 11-01 Facilities for Primary and Community Care Services
The Architect's Handbook-Health Service Building
Matric Handbook Planning and Design Data-Hospial
The Future Ng Teng Fong General Hospital and Jurong Community Hospital
Designing for Better Healthcare-the Singapore Perspective
2010 ADA Standards for Accessible Design

附：用地位置卫星图与基地周围实景

1.基地西向高校校园　　2.基地北侧河道　　3.基地北向居民小区

4.基地东北方学生活动中心　　5.基地东向篮球场　　6.基地东向人才公寓

7.基地东南向人才市场　　8.基地东南向公交站台　　9.基地北向邻里中心

教学主线
Teaching Kernel

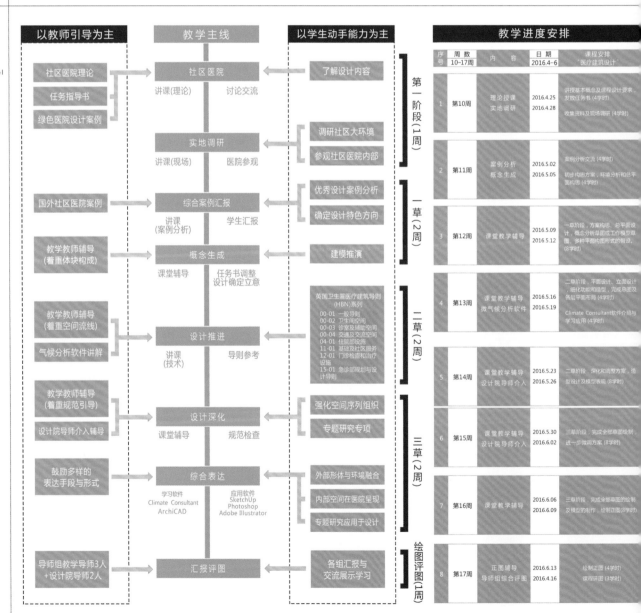

交织——社区医院绿色建筑设计
Gardening Braid
Green Community Hospital Design

该设计用一个外包格栅作为建筑体的遮蔽罩，格栅层由钢架组成，意为实现建筑空间和使用者心理上的庇护。格栅上根据气候分析软件在相应位置配备的绿植，用于遮阳和满足通风需求，同时为建筑微环境提供优质的空气，在视觉上为医患人员提供放松愉悦的视野。内部功能分为三个围合体块，分别容纳不同的功能空间，内核与绿色格栅层交织呼应，营造了特有的宜人环境。

设计专题为"医院标识设计"，通过对医院标识系统的整合分析，设计了一套特有的标识体系，用于该建筑空间的标识系统，实现医院建筑空间内的区域识别与路径引导。

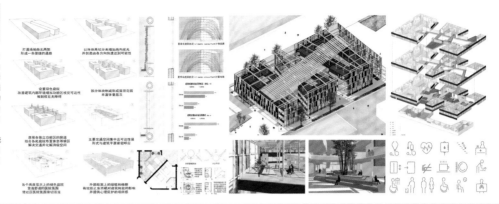

曲路穿廊——气候响应型社区医院设计
Exuberant & Tranquil Time in the Veranda
Climate Responsive Community Hospital Design

该设计以一条气候调节廊为建筑公共空间，把各个功能部分串联组织起来。这条廊不仅是必要的交通、停留、等候空间，更具有微气候调节的作用，设计中充分考虑了夏季和冬季廊道的舒适性策略，使其真正成为医院的公共中心。设计的另一亮点是巧妙地利用了地下空间，使其成为地面视景的延伸，同时实现了地下部分良好的采光通风效果，与地面共同达到了调节微气候、优化建筑室内外环境的作用。

专题设计为"住院病房设计"，综合整理了各类病房设计的形式与优劣，并在建筑的病房设计中加以运用，同时着重考虑了二期扩建的需求，在疗养病房的形式上做了很多尝试。

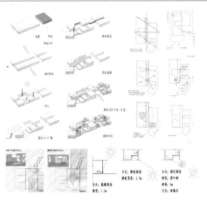

乐高屋——社区医院设计
Lego House
Community Hospital Design

该设计采用 Lego House 的设计手法，塑造了一座充满童趣、气氛轻快、空间贯通的社区医院。通过标准单元块的堆积与组合，形成了就诊区和病房区两个主体空间组，每个体块组合以一个主体块为中心依次展开，巧妙融入了医院的各类纵横公共空间，同时形成了4个功能形态各异的室外空间：入口广场、东侧主广场、西侧住院部入口广场，以及滨河休闲广场。体块高低错落，巧妙融合了内外空间，并形成了不同高度和层次的屋顶开放空间，和地面层的各级室内、室外空间一起构成整个医院设计中的立体空间体系，最大限度地为社区医院提供室外交流、休憩、疗养的多样化环境。

设计专题为"医院无障碍设计"，分别从行进无障碍、感官无障碍、心理无障碍进行分析，并应用于建筑设计空间，实现了多层次的无障碍设计。

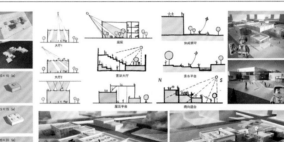

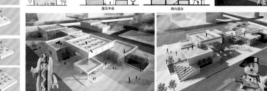

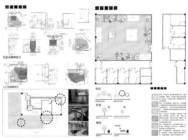

健康之路——社区医院设计
Health Path
Community Hospital Design

该设计以一条贯穿建筑和场地、连接周边社区环境的步行道路为主线，把社区医院的急诊、门诊及病房区等功能空间依次进行衔接，实现社区医院融入社区、渗透社区活动的公共空间。急诊、门诊、住院部分别有独立出入口，交通组织顺畅。部分建筑体的一层架空，可供非机动车停放和全天候室外活动之用，使地面层场地空间通风良好、视野开阔，大大降低了建筑体块对场地造成闭塞的程度，随使用需求的变化，亦可将其作为备用空间，从而实现建筑对社区服务的适应。由一层地面升至二层的"健康之路"，为开放性线性社区公共空间，不仅是连通社区两个部分的捷径，同时还为社区居民和医院人员提供多种室外活动空间，为居民保健、病员疗养提供了充足的场地条件。

设计专题为"医院交通空间设计"，着重分析了医院走廊空间的尺度、转角设计的特殊性。在病房设计中也做了新的尝试，实现了病房空间的优化。

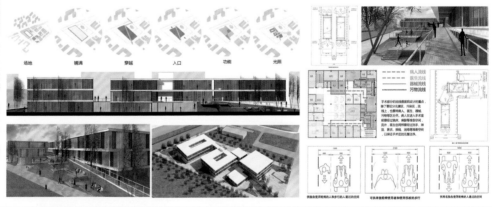

教学导师 50%	➡	导师组 50%		年级组	教学反馈
调研　一草　二草	＋	正式评图		优秀作业交流	教师总结、学生自我总结

设计能力(20%)	设计内容(20%)	图面表达(20%)	专题研究(20%)	技术设计(20%)
(1)对设计任务书有较强的理解能力 (2)能积极合作交流与工作	(1)能全面地、综合地分析问题、解决问题 (2)构思巧妙，方案有新意	(1)设计内容表达完整清晰且达到方案设计的深度 (2)图面排版得当，整体性强，具有感染力	医院专题设计达到一定深度，并能充分应用到社区医院建筑设计中	采用被动式绿色建筑设计方法并综合体现在建筑空间、建筑构造、建筑材料等的设计与选用上

场地分析：正确定位与适用对象分析 Analysis of Site

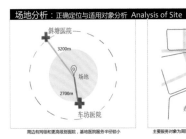

周边有同级和更高级别医院，基地医院服务半径较小

主要服务对象为周围的小区居民、高校学生和上班族

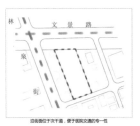

沿街面位于次干道，便于医院交通的专一性

园区整体规划苏州基地最佳建筑朝向，适应季风气候，采光通风优良

医院入口处

曲路穿廊——气候响应型社区医院建筑设计
Exuberant & Tranquil Time in the Veranda –Climate Responsive Community Hospital Design

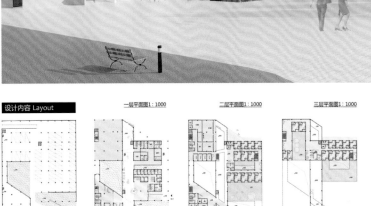

设计说明：医养结合的气候响应型社区医疗 Design Consideration

基地位于苏州工业园区内，独墅湖高教区之中，被小区、高等教育院校和科教开智园包围，人均文化素质较高，对于开放的医疗环境具有一定的接受能力。作为工业园区新开发项目，业主强调年轻化，附近居住的许多儿童前往该医院进行规定的疫苗注射。医院规模较小，故内的人流量并不是很大，住院区也相对空旷。医院相对较为安静。目前有很多享受国家政策的老干部都长住于此进行疗养。

在基地调研的过程中，我们发现该医院并不是一所大型综合医院，在半径3200m范围内，有一家同等级的医院，而在半径2700m范围内有一所高一等级的医院，同时在10分钟车程的范围内有数家不同等级的综合医院，附近居民和学生如果有什么重大伤病，一般都会直接选择前往较为高等级的医院就诊。

这种社区级医院如果力求面面俱到，很容易造成资源浪费或是力不从心。事实证明，住院部常有较多闲置病房，院内投资较大的手术室设立有使用率。因此，应对该医院的定位有正确认识，要有针对性地合理分配资源，利用基地优势，做出自己的特色。

一、医养结合定位：基于此医院的主要特色办医疗与养疗的结合，一级既有基础的医疗响应分布，并且分别设置独立的儿童中心（疫苗注射与儿童问诊）和市民自检中心（自助身体指标测试与医疗宣传），二期扩建计划为分散式的疗养建筑，根据疗养对象的不同需求布置的养疗环境。

二、气候响应型定位：设计中采用一条气候调节廊道，作为整个建筑的主要交通与公共空间，通过多种被动式设计策略，充分利用场地的自然条件，最大限度实现建筑的自然采光、通风、空气调节，与室外景园四空间共同营造全天候公共空间，为病患疗养人员营造最宜人的休养氛围。

三、穿廊而过：本方案以苏州传统的特弄的街巷组织形成，形成城市到医院的半公共半私人空间。以玻璃廊道连接，功能组团两侧，玻璃廊道既是主要的交通空间，又连通医院的扩季节，采用多种手法达到避日清凉、冬日保温的目的。另外，通过中庭打破长方形体量，为地下车库及其他功能区提供采光。

注重自然通风采光

独立设置儿童中心

二期形成疗养模式

设计内容 Layout

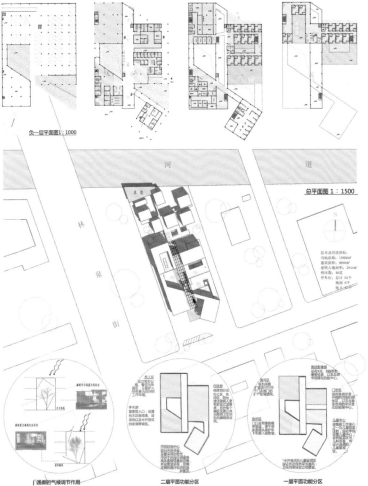

一层平面图1：1000

二层平面图1：1000

三层平面图1：1000

负一层平面图1：1000

总平面图 1：1500

逸趣的气候调节作用

二层平面功能分区

一层平面功能分区

体块生成 Generating Process

场地分块

现建　加建

城市视线

阳光

围合入口广场

体块联系

保温通廊

散落式疗养部（扩建）

庭间绿化

交通分析 Streamline Analysis

室外透视 Outdoor Perspective

作品名称：曲路穿廊——气候响应型社区医院建筑设计
学生姓名：凌　泽　姜哲惠
指导教师：赵秀玲
所获奖项：2016全国高校建筑设计教案/作业观摩和评选优秀作业

题分析 Specialized analysis - Wards

考专题调研报告

病房形式及其优缺点

3、双人病房

4、单人病房

5、组合病房

n、精神病房

b、老年病护理

c、新生婴儿护理病房

二、本次设计所选择的病房类型

a、一期双人间

b、二期组合间

二期病房组合一层平面1:250

二期病房组合二层平面1:250

路穿廊——气候响应型社区医院建筑设计
uberant & Tranquil Time in the Veranda–Climate Responsive Community Hospital Design

视角廊道透视

病房遮阳分析　Climate Consultant of Wards

遮阳措施分析（以二层病房为例）

1. 无遮阳措施病房温度图示

2. 遮阳措施

3. 遮阳处理后病房温度图示

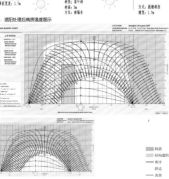

4. 病房日照时长统计图 (Climate Consult)

5. 结论

透视 Interior Perspectives

中庭 Sunken Atriums

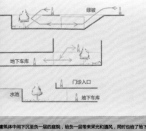

A-A 剖面图

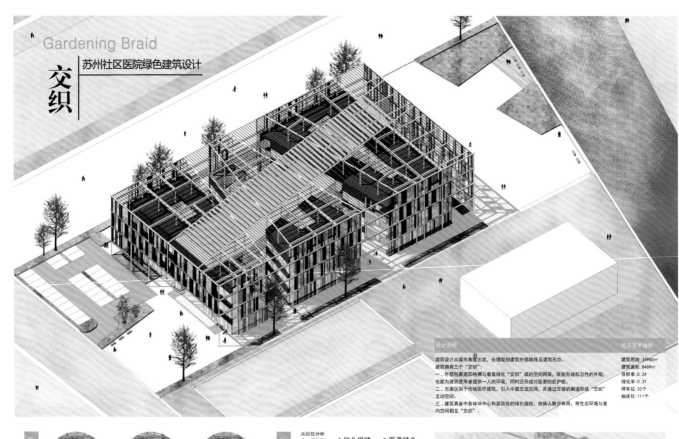

Gardening Braid
交织
苏州社区医院绿色建筑设计

设计说明

建筑设计从城市角度出发，合理规划建筑外部路线及建筑形态。
建筑拥有三个"交织"：
一、外部包裹遮阳格栅与垂直绿化"交织"成的空间网架，既能形成标志性的外观，也能为建筑使用者提供一人的环境，同时还形成对医患的庇护感。
二、方案区别于传统医疗建筑，引入中庭交流空间，并通过交错的廊道形成"交织"互动空间。
三、建筑具备中各体块中心和屋顶处的绿色庭院，供病人散步林间，将生态环境与室内空间相互"交织"。

经济技术指标

建筑用地：34960㎡
建筑面积：8469㎡
容积率：0.24
绿化率：0.31
停车位：32个
病床位：111个

区位分析

从区位分析中，我们可以分析出目标医院需要具有的功能定位，同时确定了医院设计医养结合，提高环境设计的设计方向。

社区医院所处位置毗邻高教区中心医院

基地与周边各学校的位置关系人员构成以青少年为主

基地与周边各居住的位置关系以人才公寓和中档生活小区为主

功能定位

1. 幼儿保健疫苗接种
2. 医养结合康复治疗
3. 常规门诊体检服务
4. 大众科普高校教育

环境分析

城市主要道路与辅路

主要人行道路北侧居民区通过桥梁可达

基地东侧有社区活动场地和学生活动中心南侧有邻里中心和小广场

基地西侧城市绿地可穿行北侧有城市水系景观

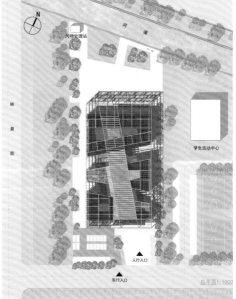

必平面1:1000

体块生成

打通场地南北两侧形成一条便捷的通路

以体块再切分来增加南向采光并创造由各方向快速到达的可能性

设置绿色庭院改善建筑内部环境，增加功能区的视觉可达性做到视觉无障碍

部分体块削减形成屋顶花园丰富体量层次

各个高度层次上的绿色庭院营造舒适医院氛围使社区医院氛围亲切活泼

外部框架上的绿植和格栅有效减少东西晒对建筑能耗的影响并提供心理庇护的场所感

连接各独立功能区的廊道结合各处庭院布置休息等候区解决交通并化解消极空间

主要交通空间集中且可达性强形式与建筑平面紧凑呼应

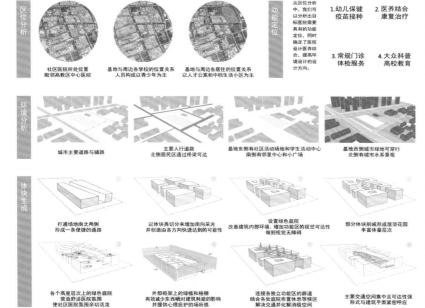

外框架体系分析

夏季无遮阳状况-Climate Consultant计算结果

夏季有遮阳状况-Climate Consultant计算结果

基地所在地夏季太阳高度角为68.25°，框架装饰成的西南向与正西方向的垂直绿化能够可以得到很好的改善。对自然光采光影响不大，且能为室内提供良好感观。

遮阳处理前冬季室日照情况（单位：h）

遮阳处理后冬季室日照情况（单位：h）

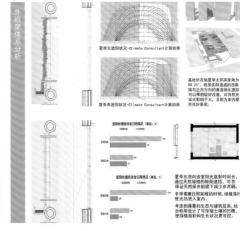

夏季东西向造室用光直射时间长，通过天然绿植的框架遮挡，可有效保证天然采光前提下减少东西晒。
冬季需要日照采光的时候，绿植落叶，使光线透入室内。
考虑到荫蔽的生态与建筑层高，结合框架设计了可向植土壤的构槽，使植物面积和生长状况更可控。

作品名称：交织——苏州社区医院绿色建筑设计
学生姓名：李嘉康　李澜珺
指导教师：赵秀玲
所获奖项：2016全国高校建筑设计教案/作业观摩和评选优秀作业

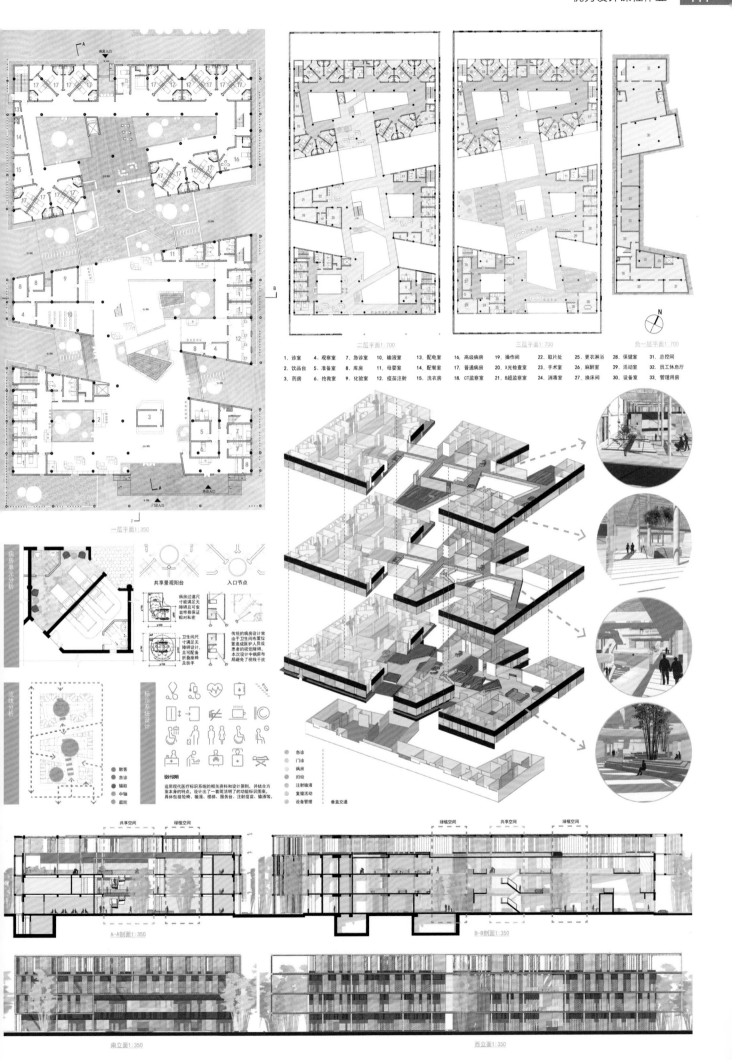

城市视野下的研究型建筑设计教学(教案)

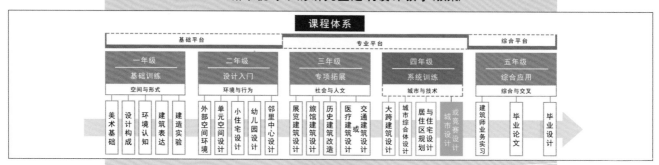

课程体系

基础平台	专业平台	综合平台

一年级 基础训练	二年级 设计入门	三年级 专项拓展	四年级 系统训练	五年级 综合应用
空间与形式	环境与行为	社会与人文	城市与技术	综合与交叉

| 美术基础 | 设计构成 | 环境认知 | 建筑表达 | 建造实验 | 外部空间环境 | 单元空间设计 | 小住宅设计 | 幼儿园设计 | 邻里中心设计 | 展览建筑设计 | 旅游建筑设计 | 历史建筑改造 | 医疗建筑设计 | 交通建筑设计 | 大跨建筑设计 | 城市综合体设计 | 居住区规划设计 | 城市设计或竞赛设计 | 建筑师业务实习 | 毕业论文 | 毕业设计 |

课程介绍

四年级训练目标

城市视野与研究型设计

◆四年级的训练重点是基于城市与技术的系统综合训练,研究型建筑设计教学有利于帮助学生应对职业化挑战、促进国际合作交流,为未来科研深造奠定基础

竞赛设计与课程设计结合

◆本课程作为四年级最后一个设计作业,课程定位为城市设计,鼓励指导教师自由组题。近年来,面向建筑学专业的设计竞赛越来越多。由于竞赛主题紧扣时代发展,关注社会焦点,反映当今建筑设计的发展趋势,本校今年将全国高等学校建筑学学科专业指导委员会主办的"谷雨"杯全国大学生可持续建筑设计竞赛与课程设计结合,以建立与教学相关的实践训练,为课程教学提供更好的导向

中加联合设计工作坊

◆工作坊是本校引入的海外高校交流的特色教学环节,于每年春季学期中举办,为期两周。今年我校将中加联合设计工作坊与大四课程教学相融合,加深学生混合组题,两周内就竞赛题目充分展开头脑风暴并合作完成概念设计,作为本校学生竞赛的前奏,有利于拓展思路,深入解读并挖掘题目信息

城市设计教学体系

教学目标

知识目标			能力目标		
设计知识	技术知识	职业知识	处理复杂信息	创造性分析问题	团队合作与综合表达

| 城市分析 | 城市设计理论与方法 | 与城市历史文化 | 与人的公共空间组织 | 城市空间塑造 | 地域建筑理论 | 环境行为学 | 城市设计编制及生成过程 | 结构选型 | 构造节点 | 城市色彩 | 光等物理环境控制 | 建筑材料 | 城市安全 | 熟悉建筑师在建筑工程设计各阶段的作用和责任 | 熟悉目前与工程建设有关的管理机制与制度 |

处理复杂信息:善于分析和研究城市公共空间与人的行为场所的关系、城市形态、肌理、城市交通结构等,研究基地主要矛盾,善于把握设计的主要方向

创造性分析问题:针对设计面临的主要矛盾,创造性地提出解决问题的视角,以积极向上研究的态度用新视角完成独具特色的项目策划

团队合作与综合表达:解决团队合作中人员组织及人际关系的处理问题,灵活运用各种教学组织形式,包括实地调研、头脑风暴、分组讨论、方案汇报等,提高学生的(英语)口语表达能力,以及图纸、模型及计算机软件应用等能力

教学特色

1. 教学内容:以业界热点问题为导向

◆城市设计课程要求学生掌握城市调研及设计方法,能够创造地解决当下城市发展面临的现实问题。设计竞赛主题紧扣时代发展,关注社会焦点,反映当今城市设计的发展趋势,因此选择适合的竞赛题目之比一成不变的封闭性设计题目更有现实意义,有助于鼓励学生从多个角度思考城市与建筑设计面对的现实问题。

2. 设计过程:注重生成逻辑的研究型设计

◆通过观察记录、现场访谈、统计分析等方法,深入调研和了解基地现存问题及使用者需求,基于城市分析提出适应当地的设计构思和方案。培养和鼓励学生通过研究图表、概念图解和形体空间图解,以图解的方式完成建筑设计与技术优化的逻辑推演,推进方案构思与深化。

3. 教学组织:中加联合设计工作坊融入课程

◆随着职业化、国际化、创新型设计类人才培养目标的提出,中外校际间的联合教学已成为发展重要的教学手段并逐渐融入教学体系。这种"多学校、多语言、多地域、多思维、多文化"的联合教学模式,有助于进行多元文化的碰撞和融合探索解决城市问题的新理念与新方法,有助于拓展学生的思考方式和思维层面,打破课程体系的封闭性。

4. 教学方法:多学科领域介入的团队教学

◆在充分发挥教师专业特长的同时,强调多学科、多专业领域的介入,通过邀请建筑设计、结构、材料、绿色建筑、建筑策划以及计算机软件等方面的专家进行专题讲座,为学生建构起从概念到设计再到实践的全过程方法指导,鼓励学生发展设计的多种可能。

设计内容

背景

◆随着经济的高速发展,我国的城市建设呈现出一片欣欣向荣的景象,但由于农村建设长期滞后,与城市相比,乡村人居环境较差、基础设施相对薄弱、基本公共服务水平较低、精神文明建设落后等问题十分突出。本竞赛旨在引导建筑学专业学生关注乡村发展的这一形势及主关发展,应用专业知识,促进"新农村""美丽乡村"的建设,并开拓眼界;以"农房相生"背景下的公共服务设施为题,研究其农家、服务用地问题,探究当代背景下的建筑空间形式,以及适合的低碳节能技术。

基地

◆学生可自选基地,应结合当地美丽乡村或新农村建设的规划或需求,根据乡村生活或旅游游客的设计选址。可新建、或选用现有建筑或遗迹进行改建、扩建。

方案A

◇金川县隶属四川省阿坝藏族羌族自治州,位于大山之中的金川河谷地区,属大陆性高原季风气候,昼夜温差较大。

◇阿坝州享有"世界生态旅游最佳目的地"的美誉,金川县当地的花海景色尤为动人。

◇由于地处地震带上,金川县常被地震威及,地质环境不稳定。

现状问题

◇阿坝地区山脉众多,地势崎岖险峻,村庄中部被山崖阻隔,乡村被分为上、山上两部分。当地居民经常需要上下山进行上学、就医、集会活动,路程况状不安全且路程模远,居民出行十分不便。

基地自定

学生可根据设计自选的所在基地、选择必须体的设计、需要以典型问题制定、相对清晰、相对成熟应用的应对策略

城市语境

建筑设计立于充分的城市调研基础上,深入调研当地的社会征求需求,才能表现在地性

可实施性

◇采用适宜的建造技术、技术手段或建筑技术,设计方案具备一定实用性以往设计免年向年较低的弊端

软件应用

◇学会使用主流的BIM软件(Revit),进行建筑性能模拟与分析;使用制作渲染、视频制作软件的专业技能

方案B

◇明月湾村位于太湖西山岛南端,现属江苏省苏州市吴中区金庭镇(原西山镇)石公行政村,在石公山以西两千米处的大明湾自然村。

◇相传明月湾在春秋时已形成村落,至唐宋时期基本形成或若棋盘的格局,建有古码头;清乾隆时达到鼎盛,目前村内现存的房屋、祠堂多为清代遗存。

现状问题

◇由于环岛公路的修建隔断了村口河埠航线,古码头功能丧失;村民设计的快艇游船项目缺乏文化背景依托,十分单调。游客普遍反映景色虽美但缺乏体验和底蕴,尤其是贯月文化丧失,没有形成自身文化特色。

西山·明月湾村

内容

◆在实际乡村改造现场适当的位置,采用实际地形,设计符合旅游接待村民公共利用使用的综合服务设施建筑,总建筑面积不超过750平方米,主要包括以下内容:
1. 管理接待,50~100㎡。
2. 图书阅览,50~100㎡。
3. 展厅及鼻业厅:用于展示乡村历史、文化等,以及土特产的销售。面积100~200㎡。
4. 工作室若干间:总面积100~200㎡,用于民间艺术创作或土特产制作。
5. 餐饮:50~100㎡。
6. 门厅、卫生间、楼梯等,自定。
7. 室外活动场地,自定。

要求

1. 应采用实际地形,立足于具体基地的设计,设计出满足使用需求、体现地块设计的特点,体现对地块景观条件的利用与分析和分析的方法。
2. 建筑应与环境协调,可适当采取合理宜善的设计;要求改善或丰富适宜空间关系和底蕴技术、体现设计思维。
3. 鼓励新的信息技术的应用与实现。
4. 满足现行国家规范、标准和规定,设置无障碍设置、专用厕位、电梯等。

作品名称:城市视野下的研究型建筑设计教学(教案)
教　　师:张靓
所获奖项:2017年全国高校建筑设计教案/作业观摩和评选优秀教案

城市视野下的研究型建筑设计教学(教案)

教学过程

中加联合设计(2周) — 基地调研 / 概念构思

教学阶段	教学要点	教学方法	成果与点评要求
基地调研：任务讲解、前期调研、头脑风暴	讲解城市设计的一般原则、方法、内容，解读专题设计任务书。外国教师开设专题讲座，讲解城市调研的基本方法和步骤，并分析点评国外相关调研案例	集中授课、城市调研、专题讲座	成果：PPT汇报与调研记录 1. 调研是否深入细致、数据详实。 2. 调研是否得出令人信服的结论。 3. 调研是否对设计有指导性意义。 4. 图面表达是否清晰。 5. 调研汇报是否流利得体、描述是否清楚。
概念构思：解读城市、概念生成	介绍城市的历史文化、气候环境、肌理、建筑特色、空间特点、景观绿化等城市设计的制约因素，引导学生寻找设计切入点，讨论设计思路，建立能够体现设计目标和策略的物质空间关系，落定总体概念方案	辅导讨论、方案点评	成果：概念草图和形体模型 1. 是否提出多个方案进行比较。 2. 能否熟练运用多个草模进行形体关系推敲和比较。 3. 能否熟练绘制草图、表达清晰。
中期评图			

评价与反馈：占总成绩的30%，由各评委打分并平均所得

评价标准：基础调研、逻辑性、创造性

中外联合设计有利于双方的教师和学生互相学习，文化背景的不同有利于激发学生的创造性思维和设计潜力。在两周时间内，全程工作语言为英文，中国学生在获得专业知识的同时对英语口语表达能力提高明显

查阅相关资料，展开文献研读，确定基地，分组完成第一次调研、踏勘基地，整理并分析基地基础资料，绘制完整现状图和分析图，收集案例。

中外学生混合编组，在前期调研工作的基础上展开头脑风暴，聚焦地段问题，形成并深化设计构思，完善概念设计阶段成果。

课程设计 — 方案生成 / 方案深化

教学阶段	教学要点	教学方法	成果与点评要求
方案生成：空间布局、建筑形态	强调制约因素下，设计概念具体深入，强化学生发现问题、解决问题的能力训练。依据概念方案，进行基地功能布局、交通系统规划、景观绿化等具体设计。借助模型、草图、数字化模型进行方案的推敲，强调城市空间环境意识的培养	辅导讨论、方案点评、专题讲座	成果：草图、体块模型、分析图 1. 能否顺延前期构思、继续深化。 2. 能否合理解决基地功能、流线、景观等基本问题。 3. 能否按进度完成完整的草图。
方案深化：深化设计、材料选择、构造节点	邀请相关专业教师讲授建筑结构、材料、构造等知识，强化技术概念，引导学生在考虑基本功能问题的同时重视方案的可实施性。组织学生参加Revit软件集中培训，帮助学生在短时间内掌握软件的基本原理和使用方法	辅导讨论、方案点评、专题讲座	成果：草图、电脑模型、分析图 1. 方案表达是否清晰、全面，是否充分表达设计意图。 2. 计算机模型是否按度完成，细部节点是否合理可行，材料选用是否恰当。 3. 能否准确再现建筑环境及空间体量关系。

评价与反馈：占总成绩的20%，由任课老师打分确定

评价标准：课堂考勤、按时交图、并方案交流

中间过程由任课老师根据各位同学的课堂表现及学习态度分别打分，强化对设计过程的控制，实现过程导向的教育目标

落实总平面、立面和总剖面图，根据任务书要求，细化各层平面布局及流线组织，基本满足功能及景观需求，强化主结构、构造、材料知识并运用于设计，完成结构选型、材料道选、构造细部节点设计，开始运用Revit软件建模。

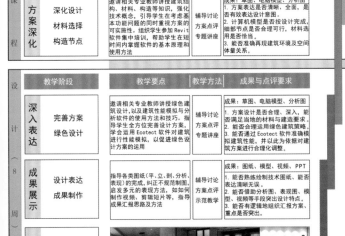

设计(8周) — 深入表达 / 成果展示

教学阶段	教学要点	教学方法	成果与点评要求
深入表达：完善方案、绿色设计	邀请相关专业教师讲授绿色建筑设计，以及建筑性能模拟与分析软件的使用方法和技巧。指导学生全方位完善设计方案，学会运用Ecotect软件对建筑进行性能模拟，以此为依据对方案进行合理化调整	辅导讨论、方案点评、专题讲座	成果：草图、电脑模型、分析图 1. 方案是否合理、深入，能否满足当地的材料与建造要求。 2. 能否合理运用绿色建筑策略。 3. 能否通过Ecotect软件准确模拟建筑性能，并以此为依据对建筑方案进行合理化调整。
成果展示：设计表达、成果制作	指导各类图纸(平、立、剖、分析、表现)的完成，纠正不规范制图，启发多元的表现方法，如如何制作视频、剪辑照片等，指导成果汇报思路及方法	辅导讨论、方案点评、示范教学	成果：图纸、模型、视频、PPT 1. 能否熟练绘制技术图纸、能否表达清晰到位。 2. 能否借助分析图、表现图、模型、视频等手段突出设计特点。 3. 能否有逻辑地组织汇报方案、重点是否突出。
终期评图			

评价与反馈：占总成绩的50%，由各评委打分平均确定

评价标准：概念延续性、合理性、设计深度

邀请业界在城市设计方面具有丰富研究和实践经验的学者与建筑师作为客座评审参与到评图。专家学者对城市问题有深入的研究，一线建筑师有丰富的实践经验，他们的加入可以带给学生更多的专业建议

结合基地气候及环境特征深化绿色设计策略，学习现有被动式和主动式绿色节能技术，有针对性地运用到设计方案中，并用Ecotect软件进行建筑性能模拟，以此为依据调整优化方案、图纸绘制、渲染与表现图、排版设计、模型制作、视频制作。

作业点评

方案一

基于对沙尔乡的深入调研发现问题：村庄中部存在一个高约50m的山崖，高差将村庄分为上下两个部分，山路蜿蜒曲折、危险漫长，导致村民们上山下山集会等活动十分不便。这本应是中心核心区域的部分由于山崖的阻隔，上下村民活动被隔绝，缺乏交流与互动。该方案充分利用地形，从垂直方向组织动线，将一座集竖向客厅在成为村民和游客公共活动空间的同时，又成为沟通上下村山崖交通不便问题的基础设施，并与乡村特色的自然景观相结合，成为一个集合多种使用功能的景观交通通道建筑。该设计让不利为有利，使原本的交通障碍得以突破，既方便了当地村民的生活，又满足了外来游客的使用需求。在建造实施层面，该设计选用当地材料竹子为导向材料结合，以确保对基地的影响降至最低，而且是可逆和可再生的，同时还可应对当地多发的自然灾害，建筑采用模数制，以人体尺度和运输货车尺寸为依据形成合理模数，以便运输和材料的二次利用。针对当地水资源短缺的现状，利用高差设计水体净化系统，并与景观结合，体现学生对绿色设计策略的主动性思维。

方案二

苏州西山明月湾村是保存较为完善的清代古村落，村内有保存完整的民居、宗祠、巷道等旅游资源，吸引了大量游客前往观光。小组成员通过问卷、访谈、注记、图谱分析等手段，对明月湾村的人口结构、基础设施数量和布点、活动类型及时间、机动车停车位数量、旅游资源等做了详细的田野调查，由此总结出焦点问题：传统水路建筑空间的缺失、对历史文化缺失、停车空间不足。方案设计扎根于当地文脉、紧密结合周围环境特征，保留原有的城市与建筑空间特色，复原旧时水路入口序列，凸显当地明月文化，并合理规划停车空间，以满足现代出行方式的需求。建筑空间以散落点式布局，注重空间体验，借鉴传统园林一步一景的空间组织方式。建筑功能满足农旅共用的需要，激活古村落公共空间活力，打造有吸引力的乡村客厅。能够熟练应用建筑性能模拟与分析软件对建筑及周围环境进行模拟并借此优化设计。技术层面，深入研究传统建筑材料的特性及施工方式，并加以创造性的应用，对细部节点构造的设计到位，方案可实施性较强，体现出该组学生扎实的基本功。

蜀道 The Way

■基地区位示意图

■金川概况

金川县隶属四川阿坝藏族羌族自治州
优势：1. 全国著名梨花景区
2. 少数民族文化精彩
3. 当地建筑极具价值
劣势：1. 山路崎岖交通不便
2. 气候晴朗不排少雨
金川县强宜旅游开发和文化的保护

阿坝藏族羌族自治州

金川县 沙尔乡
金川桥

■概念生成

❶ 发现问题 金川县沙耳乡地处金川河谷，村庄中心部分被山崖分隔，将乡村分为上下两个区域，使得居民与周边缺乏交流。

1. 道路崎岖危险　2. 缺无公共空网　3. 缺乏基础设施　4. 缺乏沟通交流

❷ 概念提出

转换乡村劣势为优势，通过建筑解决山崖的阻隔，建立垂直联系。

❸ 分析演化

将再续接原始的，便利以在山崎建筑立联系 符合当地特色的新恶惠建筑群

■建筑区位图

实景航拍

■总平面图 1:500

■立面图 1:200

蜀道 The Way

风景游览
技艺学习
舞蹈表演
旅游展示
美食品尝

■平面图 1:600

平面图A　平面图B　平面图C

■活动策划

■原形提取

■整体布局

■功能布置

■节点构造
单体构造
塔楼构造
竹材构造

■节点大样

■可持续策略

装配模式
阿坝地区以高山峡谷为主，山路崎岖陡峭。建筑材料及施工器具运统十分不方便，且成本较高，因此我们对基础模块进行了装配式设计，通过卡车尺寸和人体尺度确定基本模板。

雨水收集
SEED水处理器与水循环系统：可将雨水和建筑废水作为水资源，净化处理后提供给周边的生产和生活使用。在水系统和建筑内部循环使用。通过雨水收集系统，底部蓄水水池，顶部抽水水泵实现水资源的合理循环利用，解决该地区少雨干燥的问题。

■设计说明

乡村客厅，眼要满足游客的使用需求，更要方便当地村民的生活。基于研村沙尔乡所发现的问题，我们希望乡村提高于在成为乡村公共沟通空间的问问。还成为解决乡乡村与山崖交通不便问的基础设施，同时与乡村特色的自然景观相结合，成为一个集合了多种使用功能的景观交通通建筑。安全上于山的两问，也满足游客到达观赏美景的需求。将再村增设大群集合手，共同使用建筑，也促进了当地村民与游客的交流。不仅使游客更好了解当地地民俗风情，村民也能从游客处获得更多的帮助与经济效益。

■组织要素

■流线分析

作品名称：蜀道
学生姓名：唐伟豪　赵俊琛　方　洁　贾清雯
指导教师：张　靓　Bereder Frederick(法)
所获奖项：2017年全国高校建筑设计教案/作业观摩和评选优秀作业

当代都市建筑，充斥着钢筋水泥丛林的高大与冰冷，千篇一律的风格和封闭的空间体验造成了人与自然的隔阂。本次设计任务除了合理规划商业与办公的功能分布、交通停车与消防等设计外，着重探索新型的高层建筑模式。
方案采用像素化设计，在和城市空间紧密结合的同时，借鉴了苏州园林假山的"叠石"思想，力图在高层建筑设计中营造现代"山水城市"，最大限度地激活城市空间、优化高层建筑使用体验，延续苏州建筑与自然结合的传统。

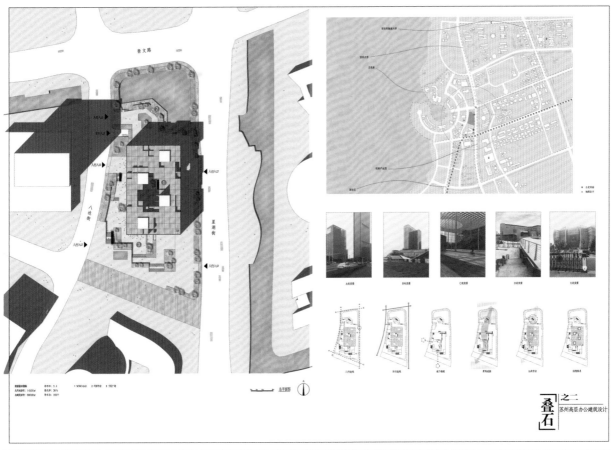

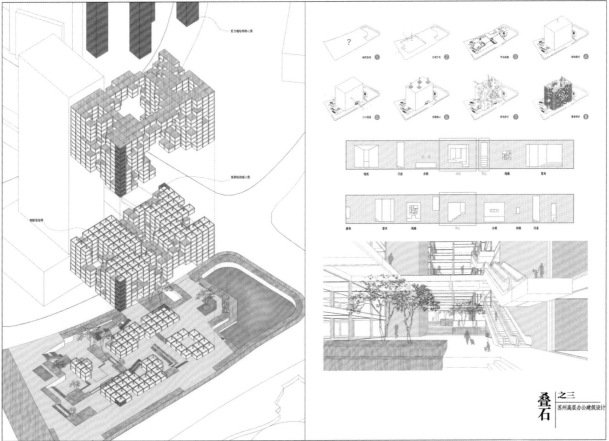

作品名称：叠石——苏州高层办公建筑设计
学生姓名：李嘉康　窦建德
指导教师：张玲玲
优秀作业：2013级建筑设计课程作业

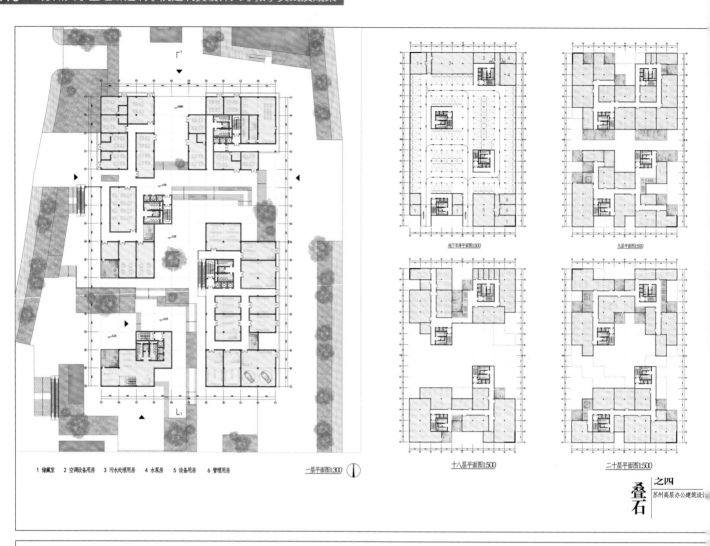

1 储藏室 2 空调设备用房 3 污水处理用房 4 水泵房 5 设备用房 6 管理用房

一层平面图1:300

地下车库平面图1:500

九层平面图1:500

十八层平面图1:500

二十层平面图1:500

叠石 之四
苏州高层办公建筑设计

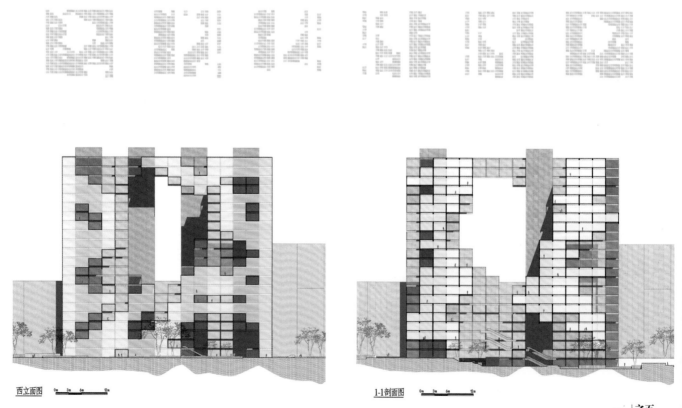

西立面图   0m 3m 6m   12m

1-1剖面图   0m 3m 6m   12m

叠石 之五
苏州高层办公建筑设计

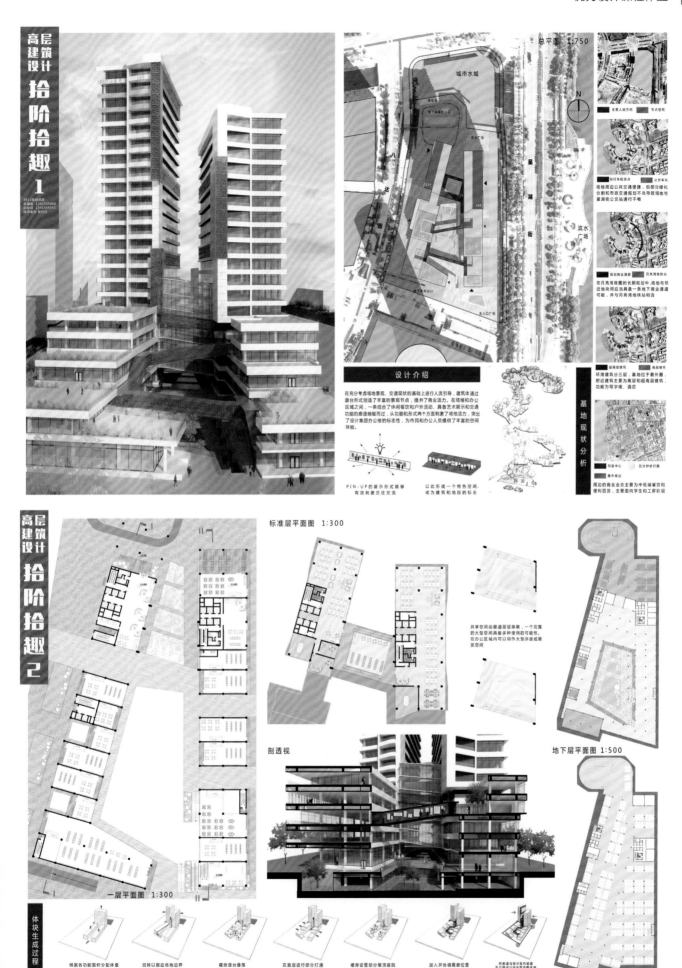

作品名称：拾阶拾趣——高层建筑设计
学生姓名：李斓珺　赵俊琛
指导教师：张玲玲
优秀作业：2013级建筑设计课程优秀作业

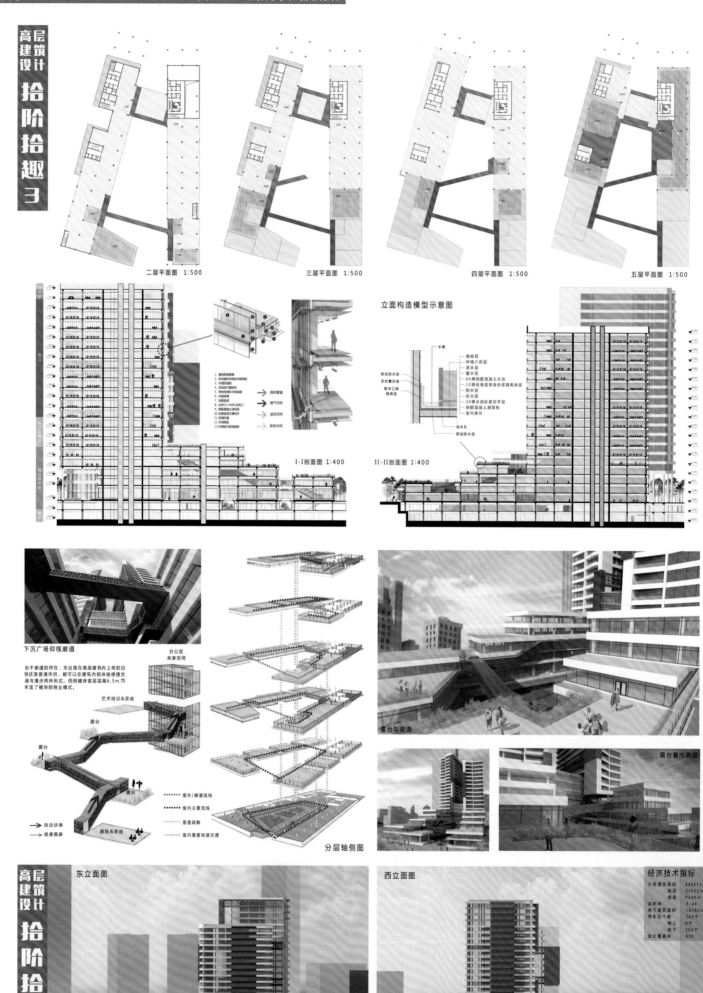

二层平面图 1:500　三层平面图 1:500　四层平面图 1:500　五层平面图 1:500

立面构造模型示意图

I-I剖面图 1:400　II-II剖面图 1:400

下沉广场仰视廊道

办公区共享空间

分层轴侧图

露台与廊道

露台看向高层

东立面图　西立面图

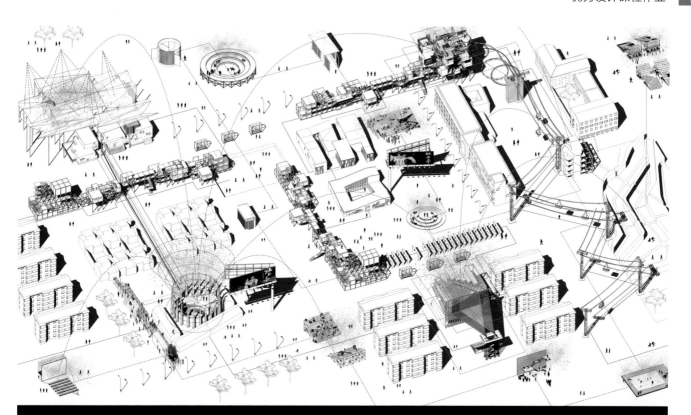

The Peony Pavilion in Anti-Theatre

Urban Design

反剧场中的牡丹亭

作品名称：反剧场中的牡丹亭
学生姓名：张蓓 景奇 邹玥
指导教师：孙磊磊
优秀作业：2013级建筑设计课程作业

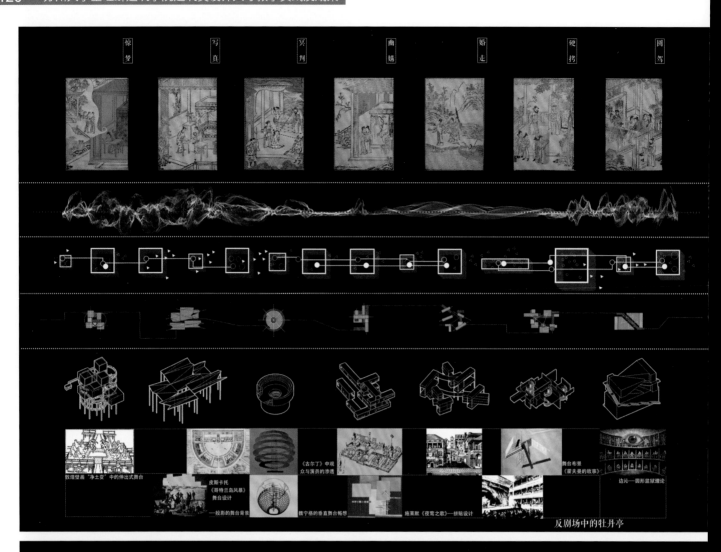

反剧场中的牡丹亭

反剧场中的牡丹亭

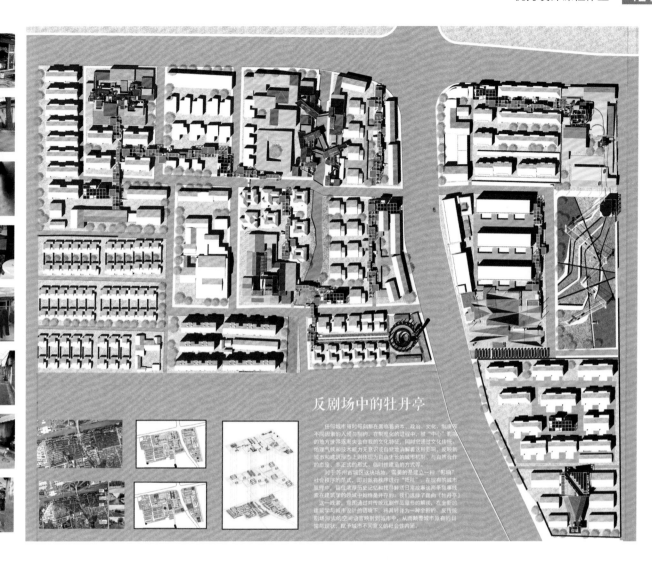

反剧场中的牡丹亭

任何城市曾时每刻都在面临基资本、政治、文化、制度等不同因素的入侵与制约，在制度化的进程中，被"中心"制约的地方世界遂渐失去自我的文化特征，同时它通过文化传统、地理气候和技术权力无意识或自觉地消解着这种影响。反映到城市和建筑形态上则体现为自发生长的城市机制，与自然合作的姿态、非正式的形式、临时性建造的方式等。

对于苏州古城区这块场地，需要的是建立一种"即编"社会秩序的姿态，即对既有核序进行"抵抗"，在现有的城市肌理中，留住浓厚历史记忆和找寻新话日常故事的叙事线索在建筑学的领域中相续曼并存于。我们选择了昆曲《牡丹亭》这一线索，试图通过对传统戏剧作品最新的解读、在全新的建筑学与城市设计的语境下，将其转译为一种全新的、反传统剧场形式的空间语言映射到城市中，从而颠覆城市原有的日常与现状，赋予城市不同意义的社会性内涵。

反剧场中的牡丹亭

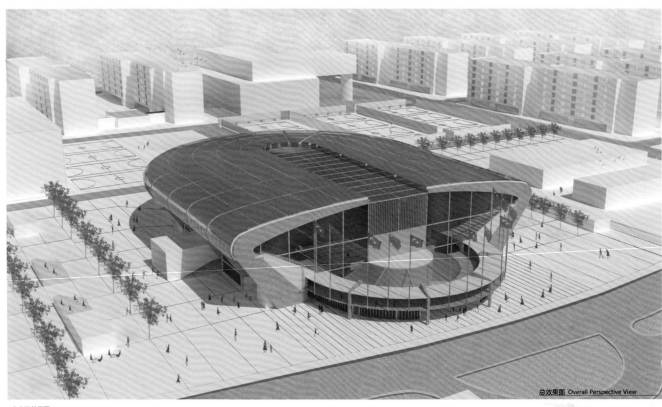

总效果图 Overall Perspective View

南立面效果图　South Facade View

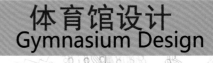

体育馆设计
Gymnasium Design

东立面效果图　East Facade View

场地西南人视图　Southwest View

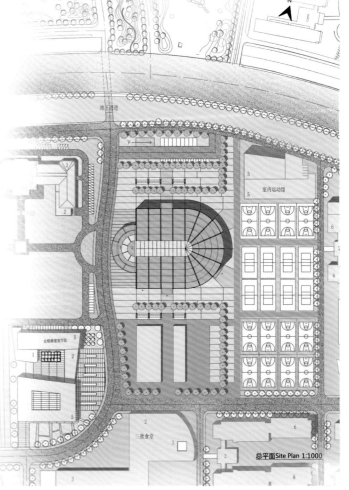

总平面 Site Plan 1:1000

作品名称：体育馆设计
学生姓名：陈正罡
指导教师：Hisham Youssef　陈卫潭
优秀作业：2015级建筑设计课程作业

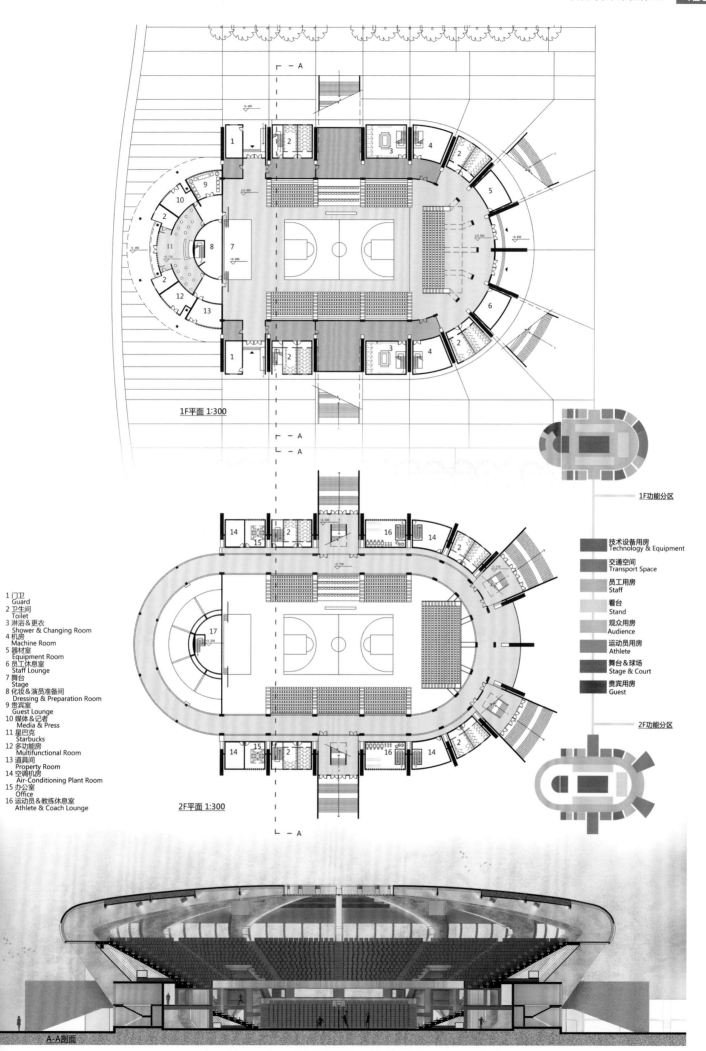

1F平面 1:300

1 门卫
　Guard
2 卫生间
　Toilet
3 淋浴&更衣
　Shower & Changing Room
4 机房
　Machine Room
5 器材室
　Equipment Room
6 员工休息室
　Staff Lounge
7 舞台
　Stage
8 化妆&演员准备间
　Dressing & Preparation Room
9 贵宾室
　Guest Lounge
10 媒体&记者
　Media & Press
11 星巴克
　Starbucks
12 多功能房
　Multifunctional Room
13 道具间
　Property Room
14 空调机房
　Air-Conditioning Plant Room
15 办公室
　Office
16 运动员&教练休息室
　Athlete & Coach Lounge

2F平面 1:300

1F功能分区

技术设备用房
Technology & Equipment
交通空间
Transport Space
员工用房
Staff
看台
Stand
观众用房
Audience
运动员用房
Athlete
舞台&球场
Stage & Court
贵宾用房
Guest

2F功能分区

A-A剖面

Step 11

功能房完善
Complete Functions

Step 10

韵律下的顶
Roof in a Rhythm

Step 9

韵律下的座位和台阶
Seating and Stairs in a Rhythm

Step 8

韵律下的结构
Structure in a Rhythm

Step 7

座位排布②
Seating ②

Step 6

跑道抬升
Track Float

Step 5

座位排布①
Seating ①

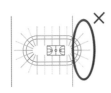

Step 3 & 4

基于红线的调整
Adjustment due to
the Boundary Line

Step 2

200m 跑道
200m Track

Step 1

篮球场
Basketball Court

方案控制和发展
Project Control and Development

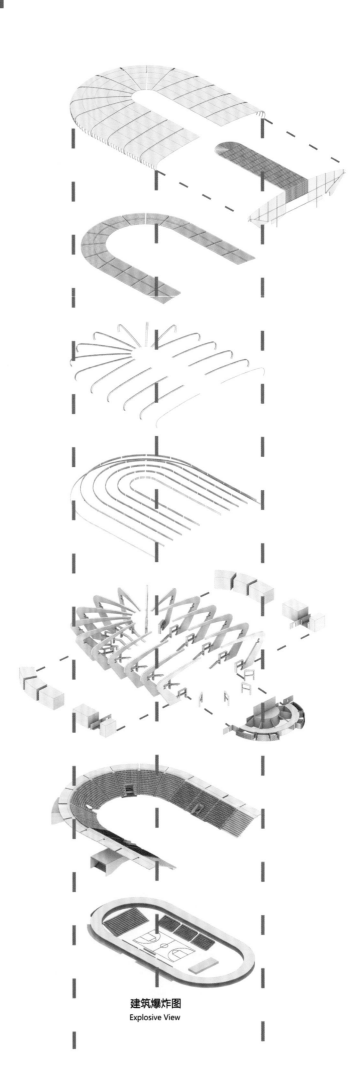

建筑爆炸图
Explosive View

室内① 内场作观演空间 Performance

室内② 跑道 Running Track　(兼做入口门厅和内场的过渡空间)

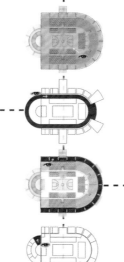

室内③ 看台顶层平台 Platform upper the Stands

室内④ 贵宾休息室 Guest Lounge

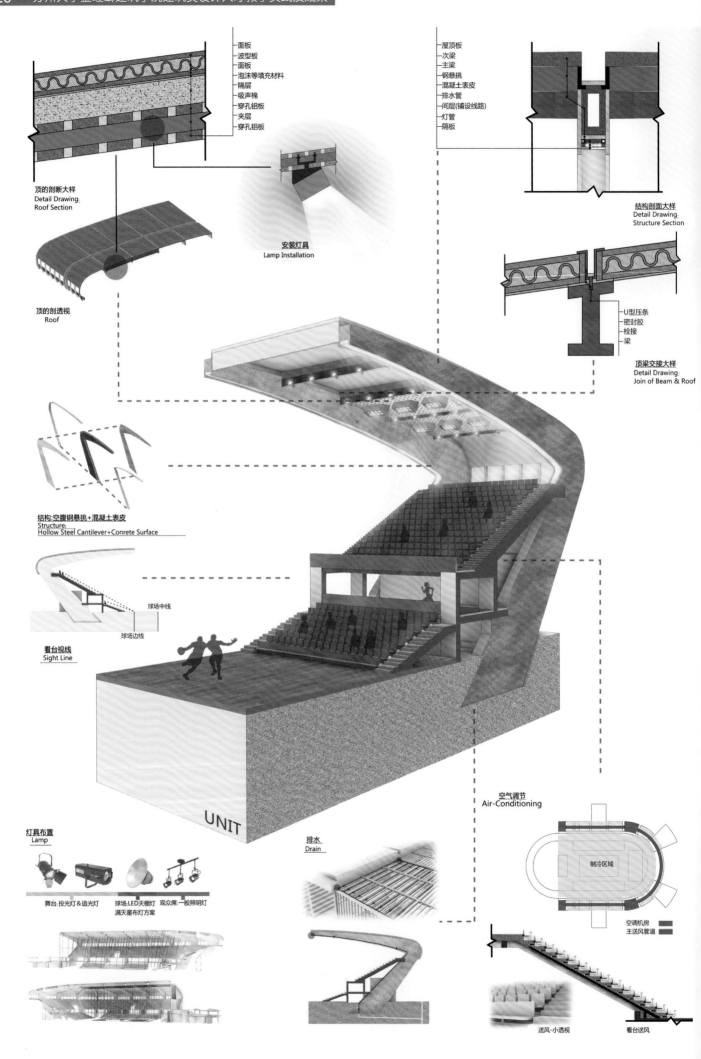

面板
波型板
面板
泡沫等填充材料
隔层
吸声棉
穿孔铝板
夹层
穿孔铝板

屋顶板
次梁
主梁
钢悬挑
混凝土表皮
排水管
间层(铺设线路)
灯管
隔板

顶的剖断大样
Detail Drawing:
Roof Section

结构剖面大样
Detail Drawing:
Structure Section

安装灯具
Lamp Installation

U型压条
密封胶
栓接
梁

顶梁交接大样
Detail Drawing:
Join of Beam & Roof

顶的剖透视
Roof

结构:空腹钢悬挑+混凝土表皮
Structure:
Hollow Steel Cantilever+Conrete Surface

球场中线
球场边线

看台视线
Sight Line

UNIT

空气调节
Air-Conditioning

制冷区域

空调机房
主送风管道

灯具布置
Lamp

舞台:投光灯&追光灯　　球场:LED天棚灯　观众席:一般照明灯
满天星布灯方案

排水
Drain

送风-小透视　　看台送风

体育馆设计

学生姓名：杨 灵

单位：mm

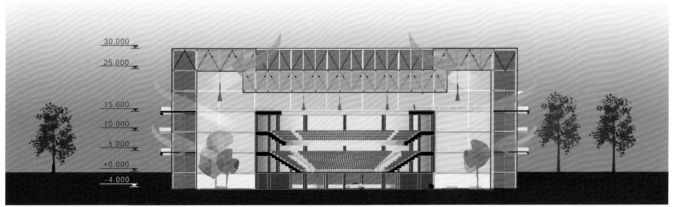

剖面1-1 1:200

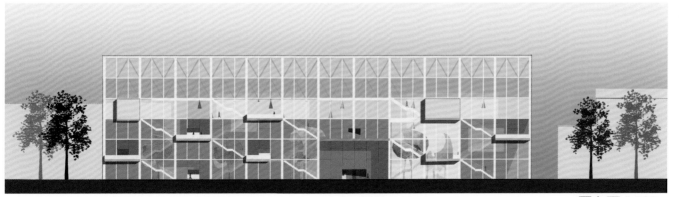

西立面 1:200

作品名称：体育馆设计
学生姓名：杨　灵
指导教师：Hisham Youssef　陈卫潭
优秀作业：2015级建筑设计课程作业

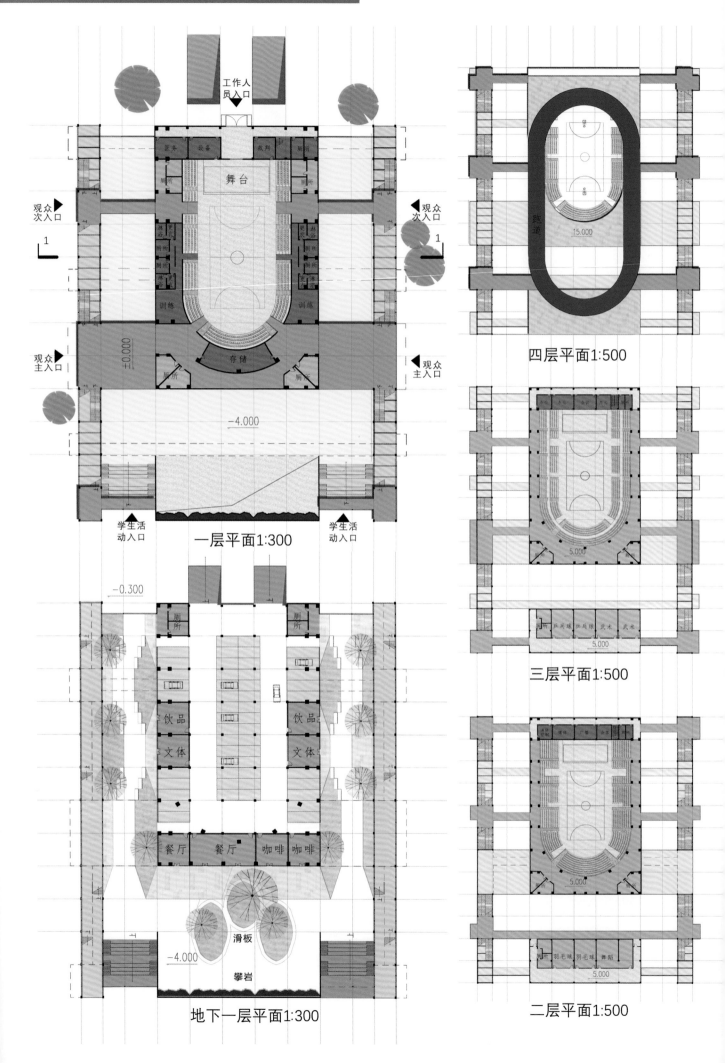

工作人员入口

观众次入口

观众主入口

医务 设备 裁判 厕所

厕所

舞台

厕所

训练

训练

±0.000

存储

厕所

厕所

−4.000

观众次入口

观众主入口

学生活动入口

学生活动入口

一层平面1:300

−0.300

厕所

厕所

饮品

饮品

文体

文体

餐厅 餐厅 咖啡 咖啡

滑板

−4.000

攀岩

地下一层平面1:300

跑道

15.000

四层平面1:500

5.000

厕所 乒乓球 乒乓球 武术 武术

5.000

三层平面1:500

5.000

厕所 羽毛球 羽毛球 舞蹈

5.000

二层平面1:500

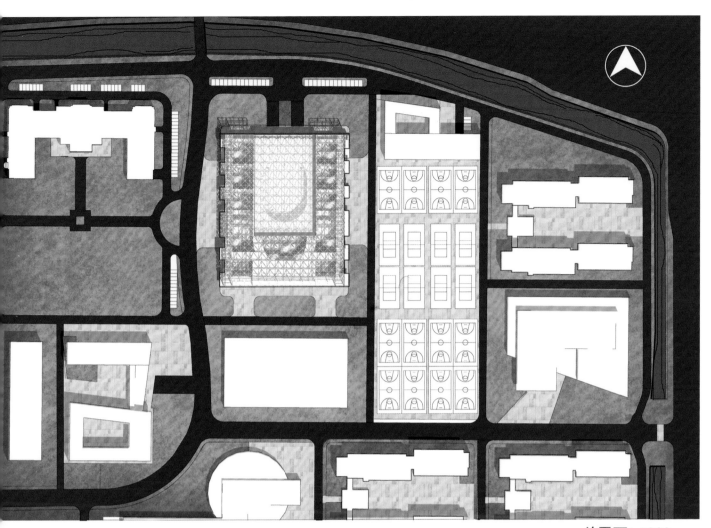

总平面1:1000

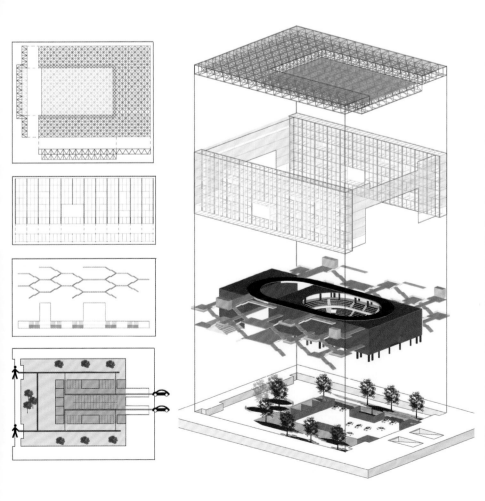

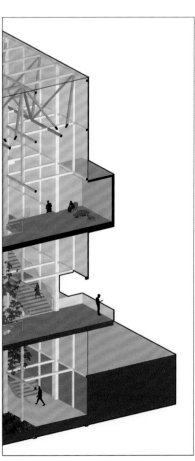

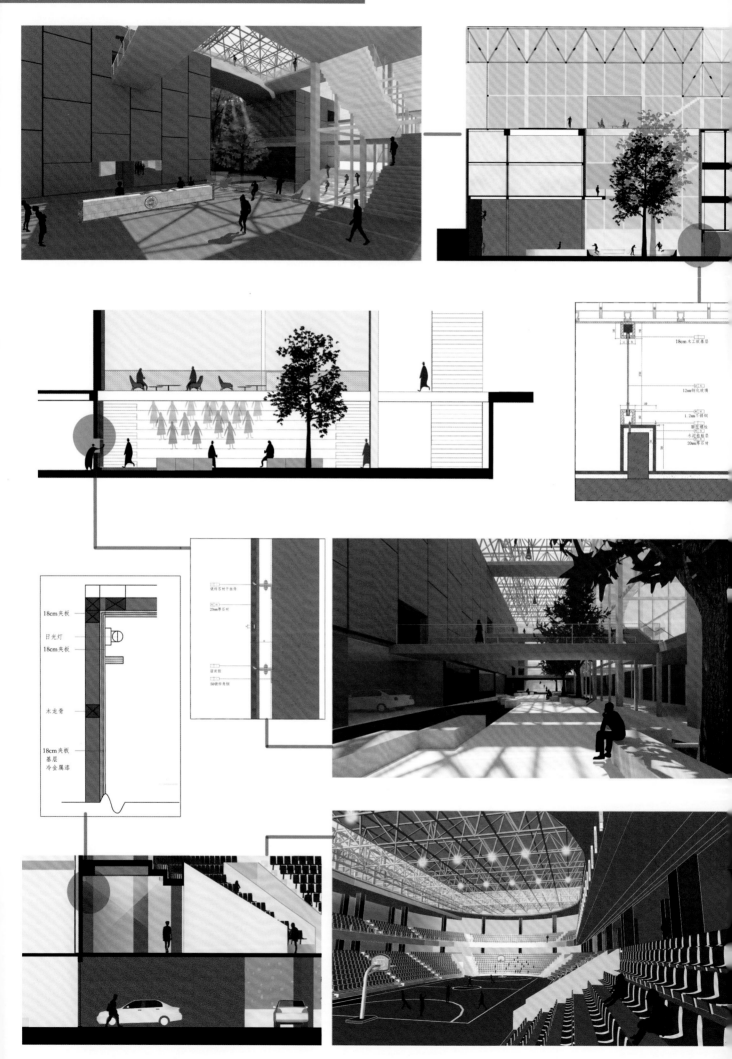

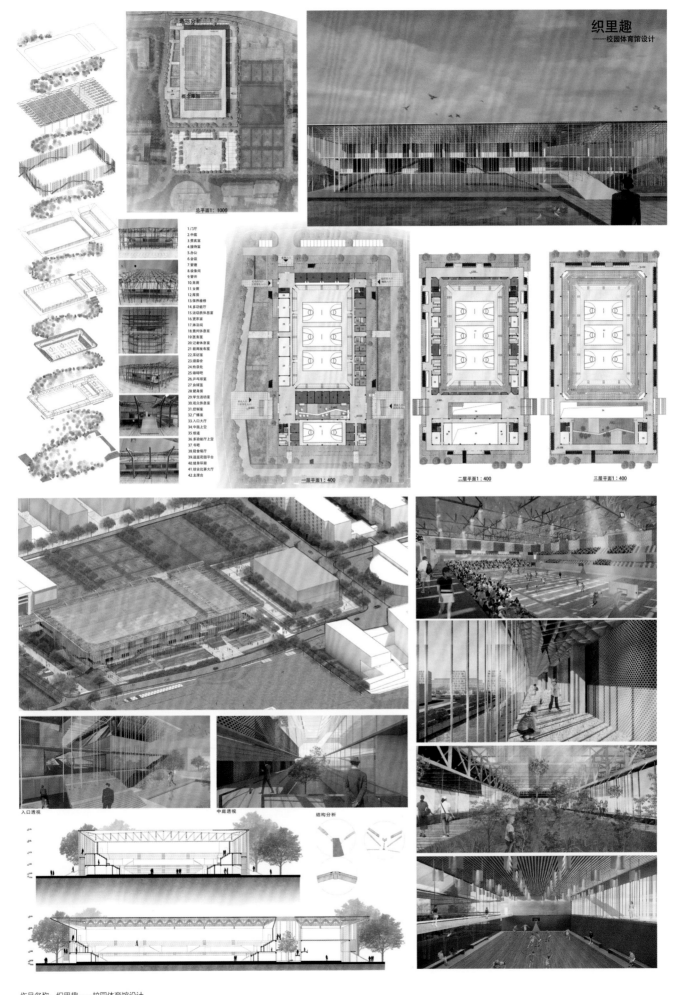

作品名称：织里趣——校园体育馆设计
学生姓名：方奕璇
指导教师：刘韩昕　汤恒亮
优秀作业：2015级建筑设计课程作业

梦回——城市设计

如果以电影的视角去看待平江路，被商业裹挟的平江路已经成为快剪辑片段化场景化短片，徒留空间语言和模式的外壳，缺少了可以触及人性的情感蕴含和传统文化的内核。就像一镜到底的电影处理一样，我们提出还原完整的属于平江路的视听语言，用连贯的声音故事弥补场景氛围的缺失，形成一种沉浸式的游览体验。故此，我们将评弹从私密释放到开放，从小众释放到大众，从室内释放到室外，营造更能体现文化氛围的平江路。

烟霭锁魂乡　吴侬软语如歌唱　情牵梦还乡

如果以电影的视角去看待平江路，被商业裹挟的平江路已经成为快剪辑片段化场景化短片，徒留空间语言和模式的外壳，缺少了可以触及人性的情感蕴含和传统文化的内核。

Perspective

作品名称：梦回——城市设计
学生姓名：张馨元　江慧敏　徐佳楠
指导教师：夏正伟
优秀作业：2015级建筑设计课程作业

Stage Form

The ancient stage is a microcosm of Chinese opera culture, and a side portrayal of ancient secular life. As a popular form of opera in Jiangsu, Zhejiang and Shanghai, Pingtan performance has gradually identified 5 main stage forms in the course of development over the years.

The spatial language of these five typical traditional stages should be extracted, and the essence of the relationship model between "sound" and "image" should be retained.

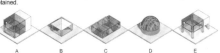

A   B   C   D   E

The corresponding five modern stage are abstrcted through modern translation and placed in different locations in the museum.These stages gave full play to their own characteristics and demonstrated the history and modern development of Pingtan culture.

Statistics of Suzhou Tourism Culture Carrier

Category	Visual transmission		Voice Transmission	
	Traditional landscape	Modern Translation	Drama Show	Pintan
Traditional garden	101	7	12	4
Cultural center	7	5	2	1
Museum	18	26	2	2

Pinghua, storytelling in a local dialect and Tanci, storytelling to the accompaniment of stringed instruments are two different genres of performing arts, Suzhou Pinghua and Suzhou Tanci are the titles of two local operas in Suzhou dialect. The populace always call them with Pintan for short.

Stage Form

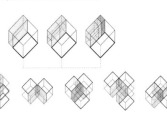

A: Solo Stage

B: Duo Stage

C: Three-person Stage

PERFORMANCE ELEMENT

A
a. Speaking: Actors tell stories, describing environments.and portray characters.
b. Play and sing: The music part of Pingtan.
d. Acting: Mainly including "hand-to-hand" and "playing a role".
B
a. Musical instrument.
b. Stage props (often based on a combination of simple tables and chairs).

■ Solo Stage
■ Duo Stage
▨ Three-people Stage
▨ Integrated with 3D

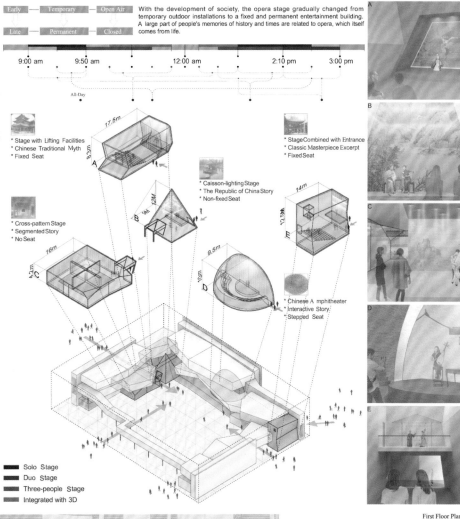

Early — Temporary — Open Air
Late — Permanent — Closed

With the development of society, the opera stage gradually changed from temporary outdoor installations to a fixed and permanent entertainment building. A large part of people's memories of history and times are related to opera, which itself comes from life.

9:00 am   9:50 am   12:00 am   2:10 pm   3:00 pm

All-Day

* Stage with Lifting Facilities
* Chinese Traditional Myth
* Fixed Seat

* Cross-pattern Stage
* Segmented Story
* No Seat

* Caisson-lighting Stage
* The Republic of China Story
* Non-fixed Seat

* Stage Combined with Entrance
* Classic Masterpiece Excerpt
* Fixed Seat

* Chinese Amphitheater
* Interactive Story
* Stepped Seat

17.5m   8.3m   12M   9M   16m   4.2m   14m   12.5M   7m   9.5m   10m

A   B   C   D   E

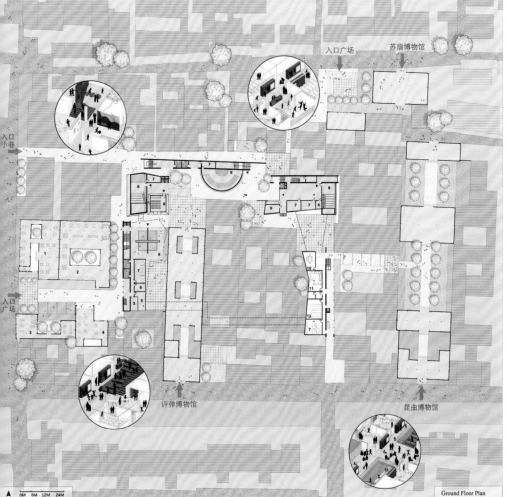

入口广场
苏扇博物馆
入口小巷
入口广场
评弹博物馆
昆曲博物馆

1. 鱼食饭稻餐馆
2. 茶楼
3. 商店
4. 评弹服饰店
5. 更衣间
6. 设备间
7. 化妆间
8. 评弹戏台
9. 纪念品店
10. 会议讨论
11. 评弹沙龙
12. 图书阅览

Ground Floor Plan

0M 6M 12M 24M

First Floor Plan

Second Floor Plan

Third Floor Plan

剖透视

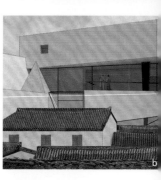

第五幕

第四幕

第三幕

第二幕

第一幕

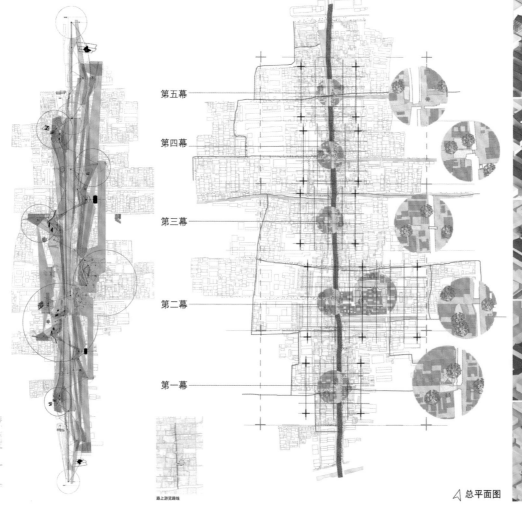

水上游览路线

路上游览路线

总平面图

1/N New Lannark

我们把这个空间定义为俏皮的艺术家。我们试图通过一个多元复合的体验式居住空间 来建树一个张扬的空间性格。通过对形体、色彩、质感、软装等的设计来营造一个顽皮性格的艺术宅。
我们要做的是传承这样的一种精神内核，同时更好地去挖掘户型本身的潜力，以提高户型的商业价值。

■ 轴测图

构造墙
隔墙
曲墙

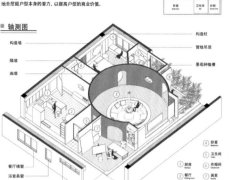

构造柱
管线吊顶
景观种植槽

餐厅横窗
浴室条窗
卧室高窗

④ 卧室
④ 卫生间
④ 衣帽间

① 厨房
② 餐厅
② 画室
③ 客厅
③ 阳台

■ 材质

在材质的选用方面，金橙色成为空间的点缀色。配合墙体深灰色软包材料与灰色大理石地面，通过色彩和质感的强烈对比来强调张扬的调性。

木材 Wood
软材 Soft Material
硬材 Hard Material

桃木 pine
榆木 Phoebe
黑胡桃木 Black walnut
乌金木 Zingana

绒布 velvet
针织面料 Knitted fabric
毛毡 Blanket
皮革 Leather

大理石 Marble
玻璃 Glass
陶瓷砖 Ceramic tile
金属 Mental

■ 家具

选择了以形为主的灯具，多选择弧形家具，通过线条来呼应曲墙的圆形，强调空间的线与面的关系，通过弧形线条塑整空间的构成美学。

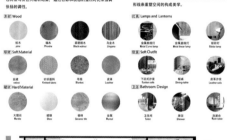

灯具 Lamps and Lanterns

金属边线灯 Metal Corner lamp
金属直线灯 Metal linear lamp
球形灯 Globe lamp

软装 Soft Outfit

下沉式沙发 Sunken sofa
餐桌 Dining table
皮革沙发 Leather sofa

卫浴 Bathroom Design

卫生间 Toilet
淋浴 Shower
洗漱台 Wash table

■ 剖面A

■ 剖面B

■ 剖面C

1/N New Lannark

在户型设计中，曲墙的置入界定了空间的核心区域，围绕核心区域布置功能空间，使线始终聚焦于核心区域。拱形的门框，构成了空间的对景与框景，平淡的时光因此变得趣味叠然。

■ 平面生成　单位：mm

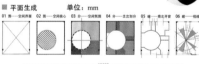

01 面—空间界面
02 圆—空间核心
03 分—空间预划分
04 划—主次划分
05 窗—南北开窗
06 透—视线穿透

■ 户型平面图 1：50

■ 共享居住模式（n/4空间模式的探讨）

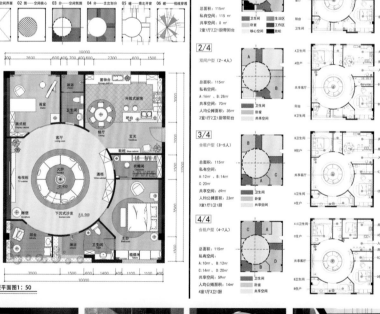

1/4
单间户型（1~2人）
总面积：115㎡
私有空间：115㎡
共享空间：0㎡
2室1厅2卫1厨带阳台

卫生间
生活区
卧室
核心空间
阳台

2/4
双间户型（2~4人）
总面积：115㎡
私有空间：
A：16㎡　B：28㎡
共享空间：70㎡
人均公摊面积：
2室1厅2卫1厨带阳台

卫生间
卧室
共享空间

3/4
合租户型（3~5人）
总面积：115㎡
私有空间：
A：12㎡　B：14㎡
C：20㎡
共享空间：69㎡
人均公摊面积：23㎡

卫生间
卧室
共享空间

4/4
合租户型（4~7人）
总面积：115㎡
私有空间：
A：14㎡　B：12㎡
C：14㎡　D：20㎡
共享空间：
人均公摊面积：14㎡
4室1厅2卫1厨

卫生间
卧室
共享空间

作品名称：1/N New Lannark
学生姓名：沈梦帆　胡峻语
指导教师：戴叶子　徐莹
优秀作业：2016级建筑设计课程作业

1/N New Lannark
Public Area

对于深度共享的杜区而言，将富有公共属性的客厅空间进行单元层级上的集约化安排，同样能够达到省本平摊的目的，同时也提高了公共交流的效率，产生了不同于以往传统住宅小区的交流空间，破解了原有住宅小区活力匮乏的问题，符合年轻人交际的需求。

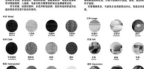

■ 材质

■ 家具

多功能区社交属性 ←————————————————→ 办公区安静的私人属性

■ 平面生成

单位: mm

■ 轴测图

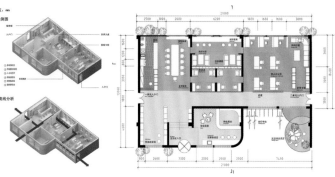

■ 流线分析

■ 剖面1

■ 剖面2

1. 从东到西，整个空间被相同的色调统一，而其中又增添了不同属性的贯穿。

2. 云朵灯从多功能区飘出来，悬浮在中间的卡座区和轻阅览区，自由、轻快的氛围也扩散开来

3. 半圆形的小拱门在办公区、阅读区和多功能区之间引导着流线和视线，进一步肯定了空间的公共属性

4. 穿过嬉闹的多功能区和交谈缩说的卡座区，最东侧是驻足冥想的办公区

1/N New Lannark

■ 设计概况

在互联网快速发展的背景下，"共享经济"正在弱化"拥有权"，强调"使用权"，持续大规模地消弭闲置资产价值，节约社会资源。

设计立足解决房产市场态泡沫化带来的社会问题，从房源快缓解住房价格格桎梏上上游趋势的可能。对外，设计者将高密度闲置资产转变为资源解决房源问题；对内，设计通过一套集解决的嵌入系统应用满足居住者的多重需求。

■ 设计说明

苏州是古老而年轻的城市，每天都吸引各地的大批年轻人寻求栖息之
地为寻求和栖息于子，初入社会的他们以负担房的向世的，是价和出通则身外价越是位望编描，
这两点是是对打打自的城市一群稀薄是更充满外出美更重要。

...

■ 共享模式

Ⅰ.不同的人群类型   Ⅱ.三层共享空间循层递进   Ⅲ.分时共享   Ⅳ.嵌入输出系统

1/N New Lannark

1/N 新兰纳克

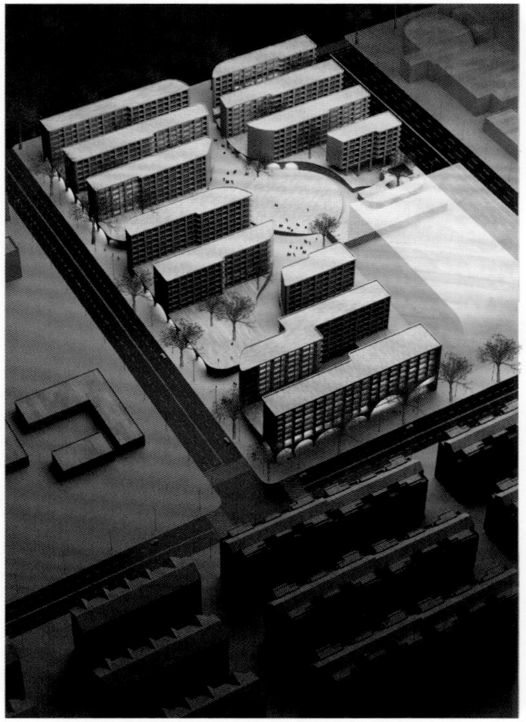

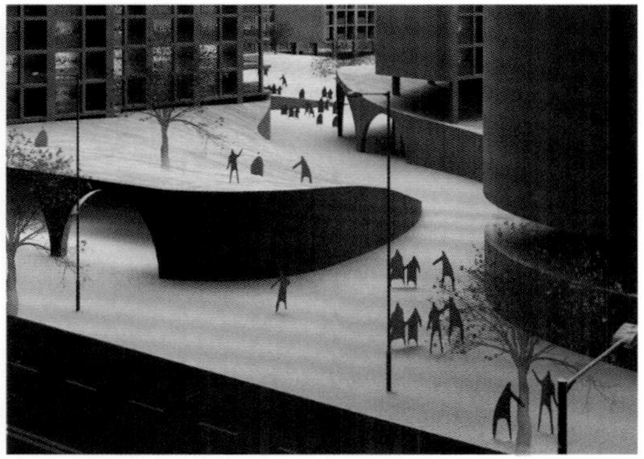

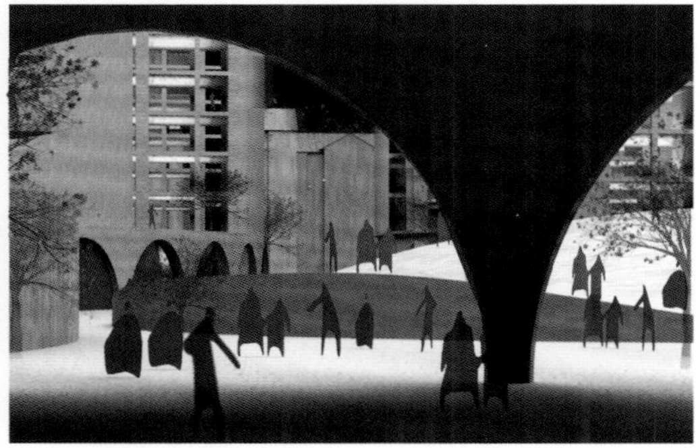

■ 平面分析

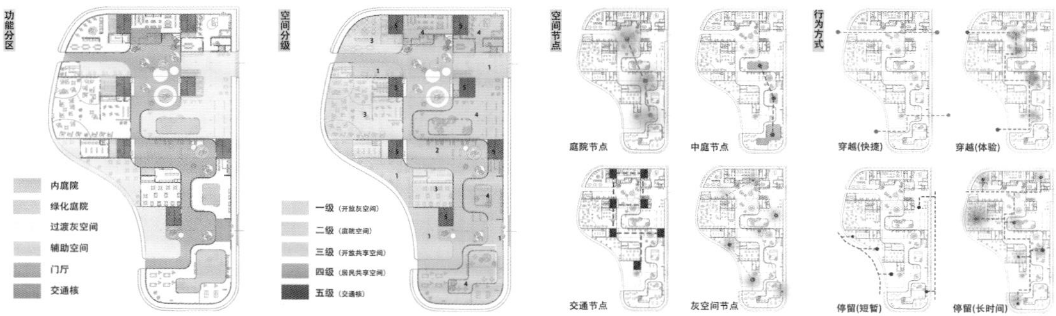
功能分区
内庭院
绿化庭院
过渡灰空间
辅助空间
门厅
交通核
空间分级
一级
二级
三级
四级
五级
空间节点
庭院节点
中庭节点
交通节点
灰空间节点
行为方式
穿越(快捷)
穿越(体验)
停留(短暂)
停留(长时间)

■ 建筑立面

古典主义的拱廊形式与现代主义的立面结合，拱廊的语汇提示城市该社区的开放性和包容性，而立面上部则强调居住区的本质属性。形似马赛公寓的立面暗示设计与时代呼应的意图，强调项目深度资源共享新社区的概念。

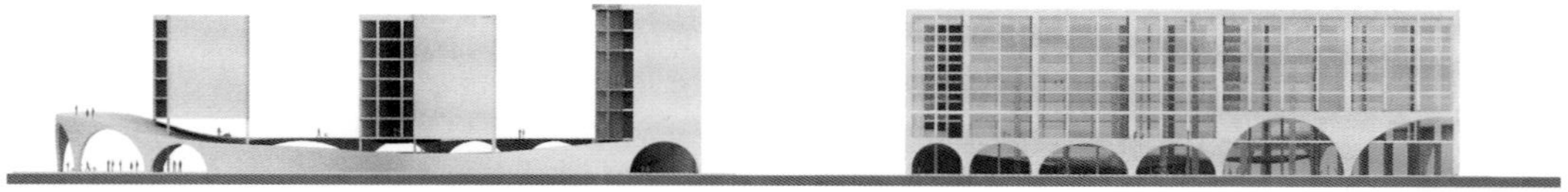

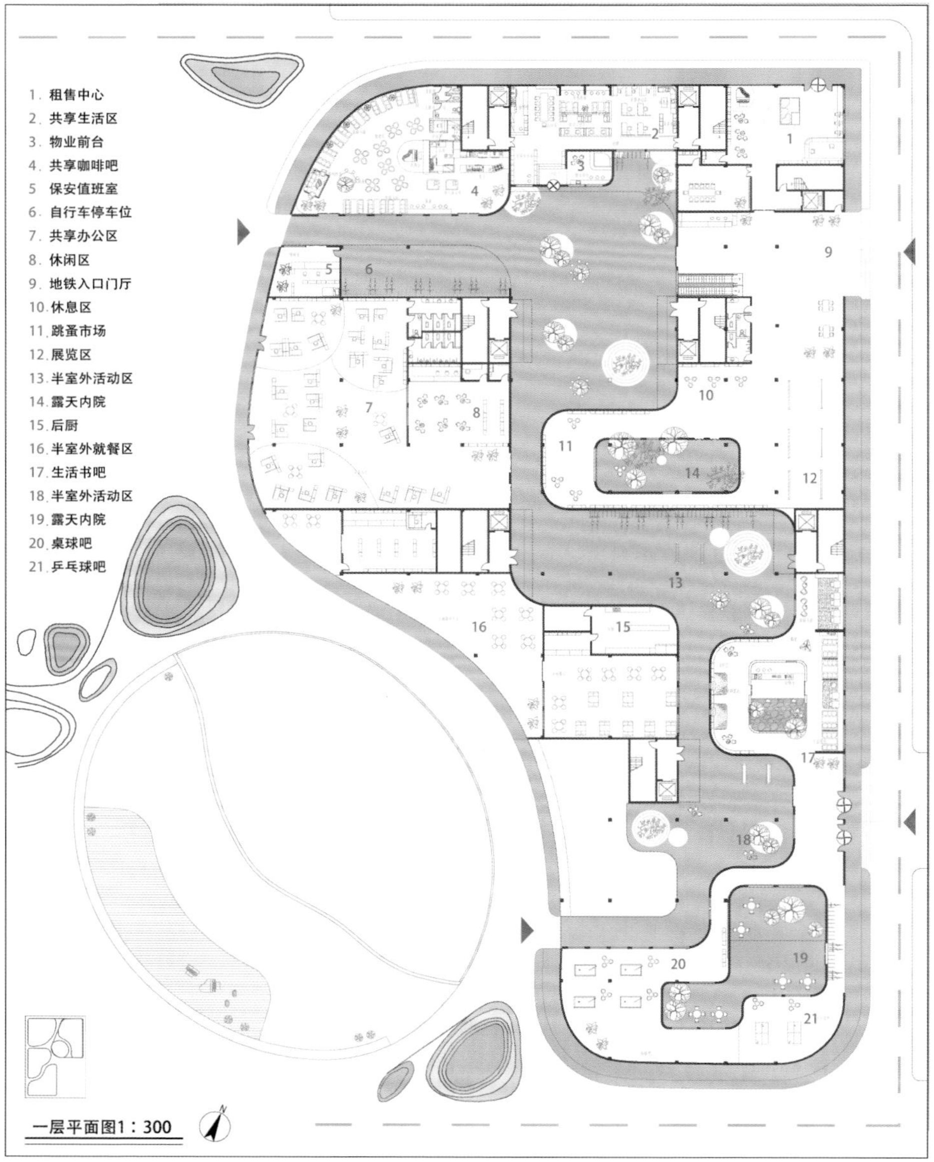
1. 租售中心
2. 共享生活区
3. 物业前台
4. 共享咖啡吧
5 保安值班室
6. 自行车停车位
7. 共享办公区
8. 休闲区
9. 地铁入口门厅
10. 休息区
11. 跳蚤市场
12. 展览区
13. 半室外活动区
14. 露天内院
15. 后厨
16. 半室外就餐区
17. 生活书吧
18. 半室外活动区
19. 露天内院
20. 桌球吧
21. 乒乓球吧

一层平面图1：300

■ 通风分析

内部院落需要保证冬季和夏季良好的通风环境，冬季需要尽量减少北面来风对内部的影响，夏季则需要向院落内引入东南方向来风，保证内部空气既不过大，能够排除各项活动造成的空气污染。经过CFD通风模拟，选用原型D进行进一步的深化设计。

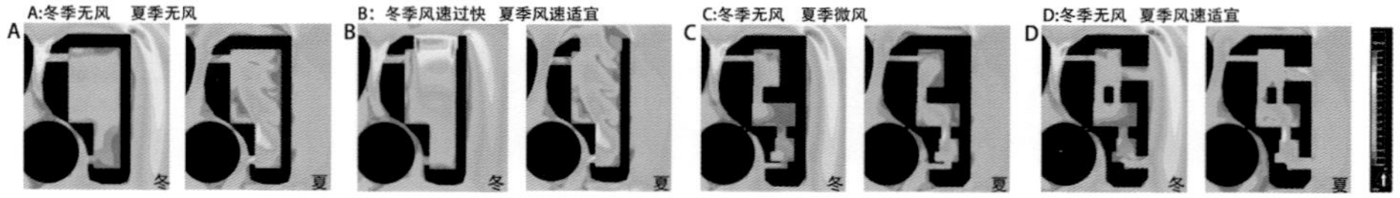
A:冬季无风　夏季无风
B：冬季风速过快　夏季风速适宜
C:冬季无风　夏季微风
D:冬季无风　夏季风速适宜
冬
夏

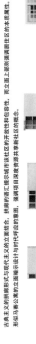

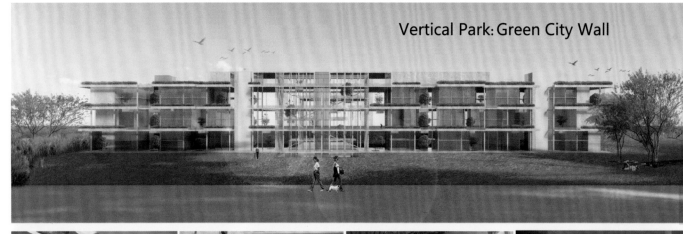

Vertical Park: Green City Wall

Functional Partition | Pull Apart to Form a Central Park | Fixed Traffic Nodes

Organization of Program | Suppressed Linearity | Form Gardens

Allow Air Movement (More Enviromental Friendly) | Better Visiblity (More City Friendly) | Inner Garden (More Public Space)

City Wall—Together Form the Boudary of the Road

The Underground Connects both Sides of the Road

Design Description

The concept of this design is vertical park. Echoing Xiangmen ancient city wall on the east side of the site, the shape of the building is also long strips placed on the south side of the site facing the street, which together constitute the urban street facade. The main central vertical park divides the building naturally into two parts, public area and private area. The central park is not connected to the interior of the building and has access to the roof garden, which allows the public to enjoy the park without affecting the operation of the hotel. The interior of the building is a unit space (adapted to the height of the tree) on every two floors, which is placed on the long cantilever plate in a dislocation to form a transparent and flowing space. At the same time, the internal courtyard is formed to generate more public communication space. The construction of ecological greening not only improves the ecological environment, but also improves the quality and fun of life.

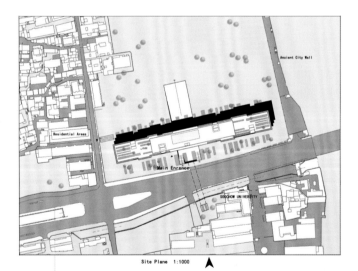

Site Plane 1:1000

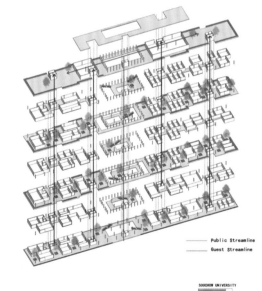

Public Streamline
Guest Streamline

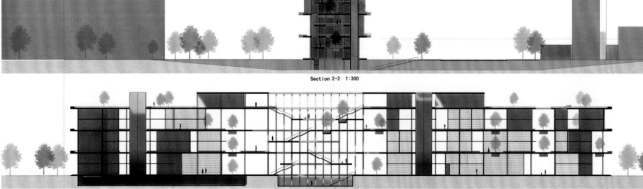

Section 2-2 1:300

Section 1-1 1:300

作品名称：Vertical Park：Green City Wall
学生姓名：李静毓
指导教师：Hisham Youssef
优秀作业：2016级建筑设计课程作业

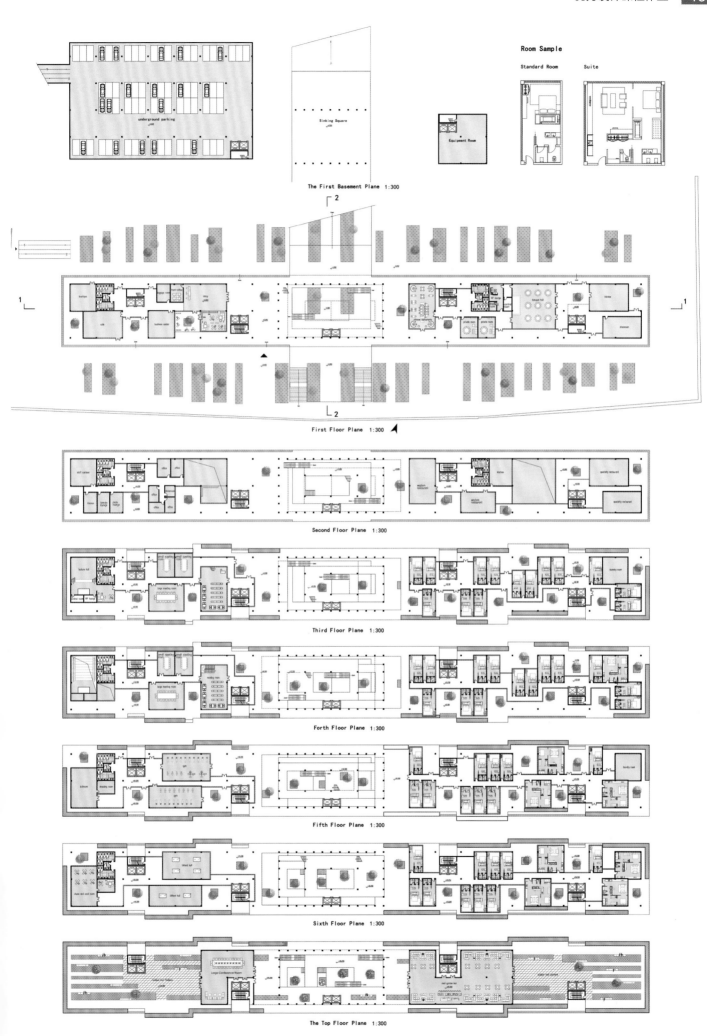

Room Sample
Standard Room   Suite

The First Basement Plane 1:300

First Floor Plane 1:300

Second Floor Plane 1:300

Third Floor Plane 1:300

Forth Floor Plane 1:300

Fifth Floor Plane 1:300

Sixth Floor Plane 1:300

The Top Floor Plane 1:300

◎ The Eye of Highway

Highway Rest Area Design

In the past, the highway rest area was only a functional existence to meet the basic needs.In this building,more people's feelings and experience are take into consideration. It's not just the people who stay in this area can feel the building and the site, the drivers who don't stop can also feel a sense of entering another space as they drive through the building. Ring-shaped buildings and green planting inside give people a comfortable walking experience, making it more than a rest area.

*WOW !
It seems that there is a rest area ahead.
I need to get there for a rest.*

*It's REALLY interesting to stand here watching cars passing by !
Just drive through the building without stop can be amazing too.*

*The building looks GREAT!
Can't wait to get inside!
Let me park my car first.*

*I can buy something downstairs and leave.
Or maybe go up and have a good rest!
I'm curious about what's upstairs.*

*REALLY peaceful up here.
Hope to sit here watching the sky all day.*

*Ohhh... So nice and cool sitting here !
Maybe next time i'll go and see what's inside the building.*

It's really convenient to refule here! Maybe I can have a quick rest afterwards.

作品名称：The Eye of Highway
学生姓名：曹　畅
指导教师：Hisham Youssef
优秀作业：2016级建筑设计课程作业

The Eye of Highway
Highway Rest Area Design

1.Store
2.Snack Bar
3.W.C.
4.Office
5.Multifunctional Room
6.Elevator
7.Security Check&Gate
8.Platform

−1F Plan *1:500*

1.Gas Station
2.Repair Station
3.Office
4.Store

−1F Plan *1:500*

1.Cafe
2.W.C.
3.Restaurant
4.Balcony
5.Rest Area
6.Elevator
7.Public Space

2F Plan *1:500*

1.Public Space
2.Hotel Room I
3.Hotel Room II
4.Hotel Room III
5.Bar
6.Rest Area
7.Outside Balcony
8.Elevator

3F Plan *1:500*

4F Plan *1:500*

▲ Site Plan *1:1000*

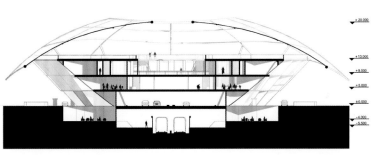

Section *I 1:300*

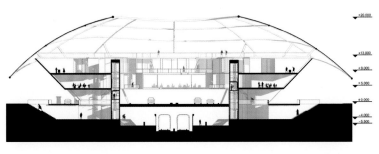

Section *II 1:300*

The Eye of Highway
Highway Rest Area Design

Question
What problems that may exist in common highway rest areas, and how to solve it and has a specific idea at the same time.

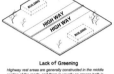

Lack of Greening
Highway rest areas are generally constructed in the middle section of the roads, and there is usually no greens both inside and outside the site. However, it plays an important role in alleviating people's visual fatigue.

No Cover
Usually there is no covers in the parking area in the site, where is the only public place for people. Large, unshielded areas are hot and have less sense of security.

Bad Public Space
Usually, the building in the site is very small, and people who have driven for a long time and need to walk around can only walk outside the site, where have many cars moving around.

No Connection
Sites on both sides of the road are separate, because the flow of people on both sides is not always the same. It will cause a certain degree of waste of resources.

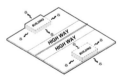

Poor Scenery
People can only see the scenery on both sides of the building and the lane on one side. There is barely nothing in the site, so there's nothing to see.

Current Situation Analysis

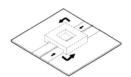

Drive Inside
We've been letting cars park next to buildings and enter them, but why not considered about the drivers' feeling who drive directly past the rest area without stopping. Letting them drive inside the building and have a different view of the highway.

Make Oval
The shape of the square is somewhat sharp, and the curve is used to enhance the motion and smoothness of the movement. Using oval to replace the circle to make the distance inside the building longer

Following Geometric Lines
The oval's geometric lines form the basis for dividing buildings and parking lots. Whether from a bird's eye view or walking in the building, you can feel the logic and beauty of geometry.

More Green
The selected platforms and roofs are greened, allowing people walking and driving through them to alleviate visual fatigue through green.

360° View Both Inside/Outside
The interior and exterior circles of the building have a panoramic view. The interior and exterior scenes are quite different, with diverse choices and rich changes.

Adome
Using the dome to create a ground gray space, while giving the roof garden a limit. Half-outdoor roof space provides a place for people to walk and rest. Also to unite the hole building.

Concept Generation

Roof Graden
Letting people inside the building and the people driving into the building feel more green, and thus feel visual comfort.

Balcony
The out side balcony with some green plants is a place where people can feel the car driving below at close range, and look around the whole building interior.

Hotel
Let people who are tired to drive and need a rest during the night.

Resting Area
Some small palces where people can drink, chat and see the vehicles on the road.

w.c.

Resting Area
A big open space, where people can drink, chat and see the vehicles on the road.

Restaurant
People can eat a good meal and watch the surrounding road scenery.

Fast Way
People who only need to enter to get refuel and buy some snacks can do all the things directly on this road without getting off.

Gas Station
According to the size of vehicles and the demand for different fuels, different gas stations are set up for trucks and cars.

Parking
The division of parking spaces follows the geometric line, and cars and trucks are parked in different zones.

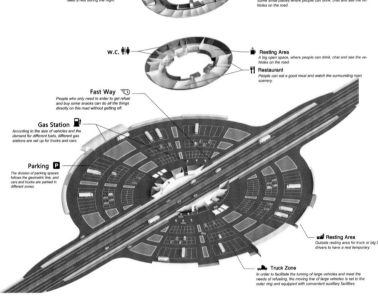

Resting Area
Outside resting area for truck or big bu drivers to have a rest temporary.

Truck Zone
In order to facilitate the turning of large vehicles and meet the needs of refueling, the moving line of large vehicles is set to the outer ring and equipped with convenient auxilary facilities.

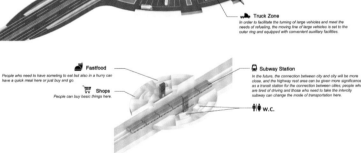

Fastfood
People who need to have someting to eat but also in a hurry can have a quick meal here or just buy and go.

Shops
People can buy basic things here.

Subway Station
In the future, the connection between city and city will be more close, and the highway rest area can be given more significance as a transit station for the connection between cities; people who are tired of driving and those who need to take the intercity subway can change the mode of transportation here.

w.c.

Explosion Analysis

Section Perspective

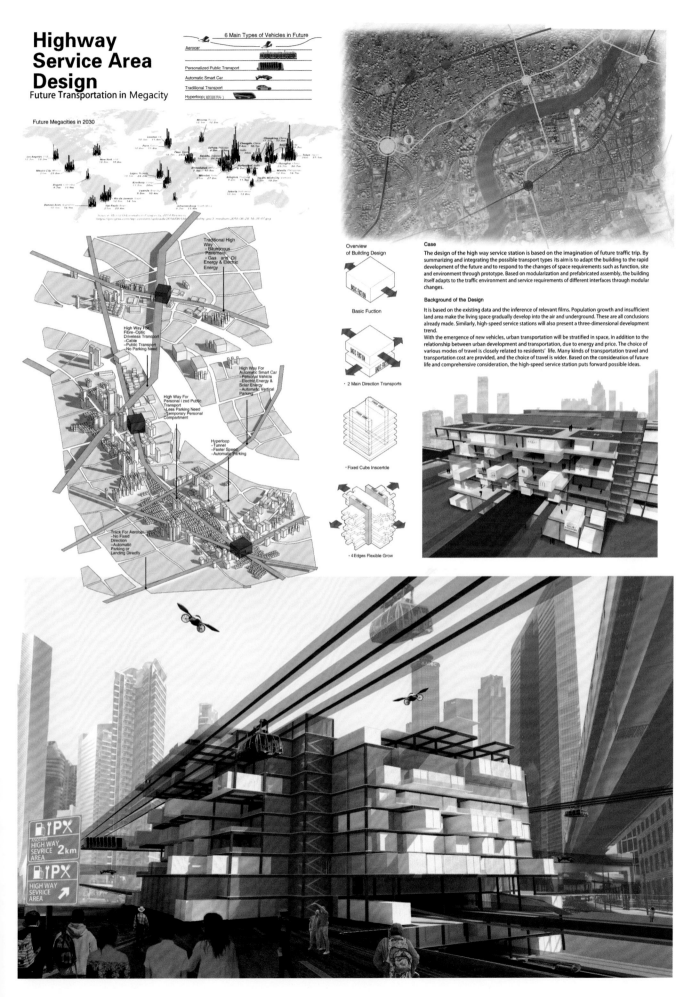

Highway Service Area Design
Future Transportation in Megacity

6 Main Types of Vehicles in Future
- Aerocar
- Personalized Public Transport
- Automatic Smart Car
- Traditional Transport
- Hyperloop (超回路列车)

Future Megacities in 2030

Traditional High Way
- Bituminous Pavement
- Gas and Oil Energy & Electric Energy

High Way For Fibre-Optic Driverless Transport
- Cable
- Public Transport
- No Parking Need

High Way For Personalized Public Transport
- Less Parking Need
- Temporary Personal Compartment

High Way For Automatic Smart Car
- Personal Vehicle
- Electric Energy & Solar Energy
- Automatic Vertical Parking

Hyperloop
- Tunnel
- Faster Speed
- Automatic Parking

Track For Aerocar
- No Fixed Direction
- Automatic Parking or Landing Directly

Overview of Building Design

Basic Fuction

- 2 Main Direction Transports

- Fixed Cube Inscertde

- 4 Edges Flexible Grow

Case

The design of the high way service station is based on the imagination of future traffic trip. By summarizing and integrating the possible transport types its aim is to adapt the building to the rapid development of the future and to respond to the changes of space requirements such as function, site and environment through prototype. Based on modularization and prefabricated assembly, the building itself adapts to the traffic environment and service requirements of different interfaces through modular changes.

Background of the Design

It is based on the existing data and the inference of relevant films. Population growth and insufficient land area make the living space gradually develop into the air and underground. These are all conclusions already made. Similarly, high-speed service stations will also present a three-dimensional development trend.

With the emergence of new vehicles, urban transportation will be stratified in space, in addition to the relationship between urban development and transportation, due to energy and price. The choice of various modes of travel is closely related to residents' life. Many kinds of transportation travel and transportation cost are provided, and the choice of travel is wider. Based on the consideration of future life and comprehensive consideration, the high-speed service station puts forward possible ideas.

作品名称：Highway Service Area Design—Future Transportation in Megacity
学生姓名：安可欣
指导教师：Hisham Youssef
优秀作业：2016级建筑设计课程作业

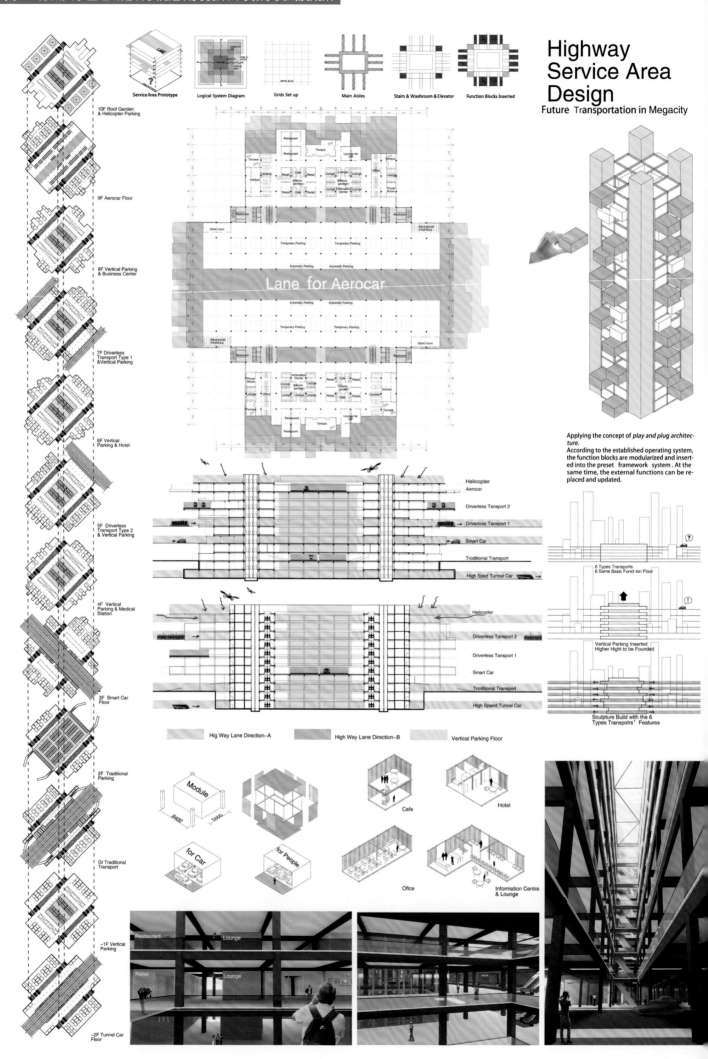

Service Area Prototype　Logical System Diagram　Grids Set up　Main Aisles　Stairs & Washroom & Elevator　Function Blocks Inserted

Highway Service Area Design
Future Transportation in Megacity

10F Roof Garden & Helicopter Parking

9F Aerocar Floor

8F Vertical Parking & Business Center

7F Driverless Transport Type 1 & Vertical Parking

6F Vertical Parking & Hotel

5F Driverless Transport Type 2 & Vertical Parking

4F Vertical Parking & Medical Station

3F Smart Car Floor

2F Traditional Parking

Gf Traditional Transport

-1F Vertical Parking

-2F Tunnel Car Floor

Lane for Aerocar

Applying the concept of *play and plug architecture*.
According to the established operating system, the function blocks are modularized and inserted into the preset framework system . At the same time, the external functions can be replaced and updated.

Helicopter
Aerocar
Driverless Tansport 2
Driverless Transport 1
Smart Car
Troditional Transport
High Sped Tunnel Car

Helicopter
Driverless Tansport 2
Driverless Tansport 1
Smart Car
Troditional Transport
High Speed Tunnel Car

Hig Way Lane Direction–A　　High Way Lane Direction–B　　Vertical Parking Floor

6 Types Transports
6 Same Basic Funct ion Floor

Vertical Parking Inserted
Higher Hight to be Founded

Sculpture Build with the 6 Types Transpotrs' Features

Module
for Car
for People
Cafe
Hotel
Ofice
Information Centre & Lounge

Bird View

TaiHua MALL

Block D
Working People

Courtyard D

HongQi Kindergarten

Courtyard C

Block C
Youngs

Block A
Working People

Courtyard A

Central Plaza

Courtyard B

Block B
Family

Underground Parking

Underground Parking

Commercial

Commercial

Hierarchy
Residential Area Design

Design Explanation

The site is located in a concentrated area of commercial and residential areas. People who need fresh blood to enhance the vitality of the site, so young people are the first choice. However, the introduction of different generations of people does not represent a barrier. Conscious stratification has been carried out, so that the entire residential area can respawn its own vitality at different levels.

The building uses clear logic to talk about the division of the site.
The divided sites do not represent functional differences. The purpose is to give different possibilities to the residents. Based on this, the functions and spatial logic of the building are refined.

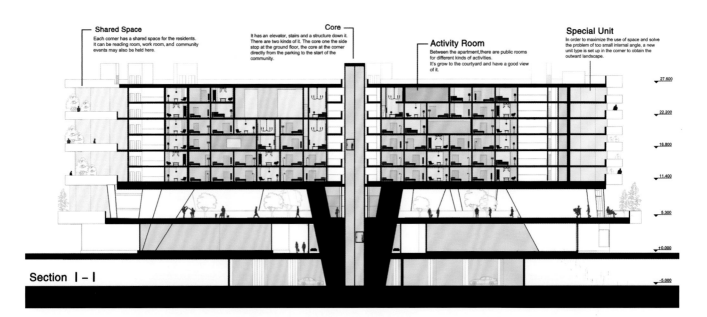

Shared Space
Each corner has a shared space for the residents. It can be reading room, work room, and community events may also be held here.

Core
It has an elevator, stairs and a structure down it. There are two kinds of it. The core one the side stop at the ground floor, the core at the corner directly from the parking to the start of the community.

Activity Room
Between the apartment,there are public rooms for different kinds of activities. It's grow to the courtyard and have a good view of it.

Special Unit
In order to maximize the use of space and solve the problem of too small internal angle, a new unit type is set up in the corner to obtain the outward landscape.

27.600
22.200
16.800
11.400
5.300
±0.000
-5.000

Section Ⅰ－Ⅰ

作品名称：Hierarchy—Residential Area Design
学生姓名：曹 畅 徐金鑫
指导教师：Hisham Youssef 刘志宏
优秀作业：2016级建筑设计课程作业

Process

Activity Room

Commercial

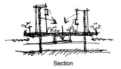

Section

Concept

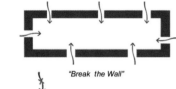

"Break the Wall"

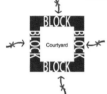

"You Can't See Me"

"We Can See Each Other"

PRIVATE
Play Ground for Residents

PUBLIC

"A private Space to Play"

BLOCK A
Connection

BLOCK B

"We Are Connected"

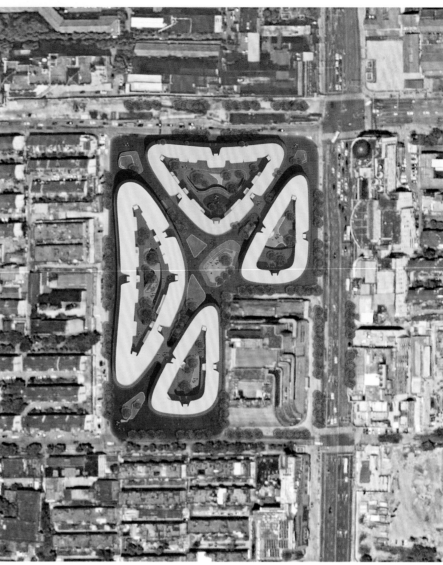

Site Treatment

Site Plan ◀

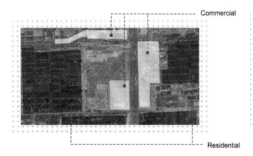

Commercial

Residential

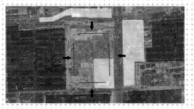

Estrangement of Communication and the Use of Business Functions Among the Population in the Region

So Define the Area as a Residential Area that Can be Introduced in to the Surrounding Population to Stimulate the Southward Crowd and Improve a Business Depression in the Region

Section II – II

Apartment
There are five kinds of living unit focus on different kinds of people, including one floor unit and loft. They all follow the same logic and grow from a basic one.

Community Platform
A platform holding the community. It's the start of the comm...
Created a closed space for the activities of the residents.
Separate from the public.
Each building has a courtyard but it's given different functio...
based on the different kins of people living above.

Commercial & Entrance
Open to both public and residents.
Letting people come in and energizing this area.
Also where residents get in their community.

Parking
For public and residents to park their car then go up to the commercial or their home.

–Angle View of People in the City–

- Bar -

- Bar -

- Corridor Rest Area -

Standard Floor Plane 1:400

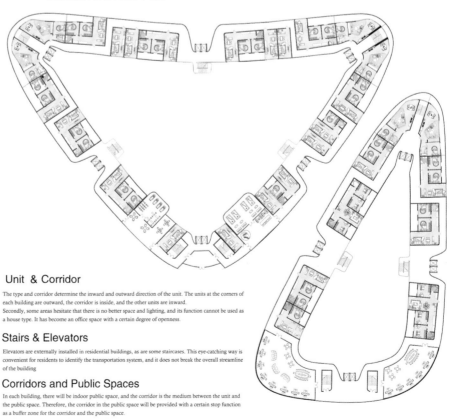

Unit & Corridor

The type and corridor determine the inward and outward direction of the unit. The units at the corners of each building are outward, the corridor is inside, and the other units are inward.

Secondly, some areas hesitate that there is no better space and lighting, and its function cannot be used as a house type. It has become an office space with a certain degree of openness.

Stairs & Elevators

Elevators are externally installed in residential buildings, as are some staircases. This eye-catching way is convenient for residents to identify the transportation system, and it does not break the overall streamline of the building

Corridors and Public Spaces

In each building, there will be indoor public space, and the corridor is the medium between the unit and the public space. Therefore, the corridor in the public space will be provided with a certain stop function as a buffer zone for the corridor and the public space.

1.Internal Courtyard Perspective

2.Side Elevation Performance Map

3.Elevation Performance Map

4.Foyer

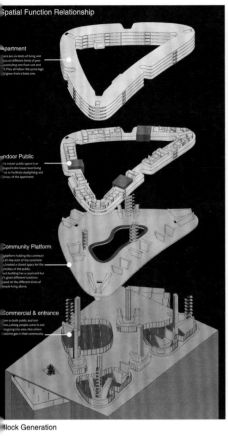

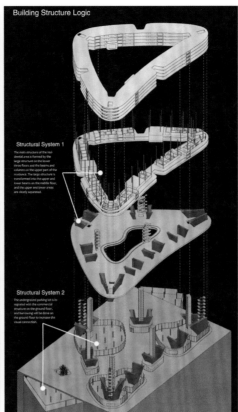

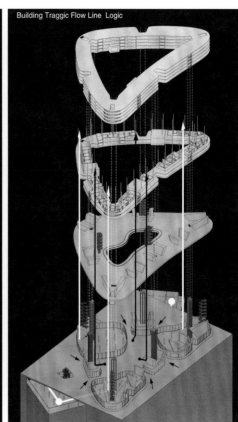

Spatial Function Relationship

Apartment

There are six kinds of living unit based on different kinds of providing, including one floor unit and loft. They all follow the same logic and grow from a basic one.

Indoor Public

The indoor public space is arranged in the lower level living zone to facilitate daylighting and privacy of the apartment.

Community Platform

The platform holding the community, it's the start of the community. Created a closed space for the activities of the public. Each building has a courtyard but given different functions based on the different kinds of people living above.

Commercial & entrance

Open to both public and residents. Letting people come in and energizing this area. Also where residents get in their community.

Building Structure Logic

Structural System 1

The main structure of the residential area is formed by the large structure on the lower three floors, and the beams and columns on the upper part of the residence. The large structure is transformed into the upper and lower beams on the middle floor, and the upper and lower areas are clearly separated.

Structural System 2

The underground parking lot is integrated with the commercial structure on the ground floor, and burrowing will be done on the ground floor to increase the visual connection.

Building Traggic Flow Line Logic

Block Generation

Three-level Floor Plan 1:400

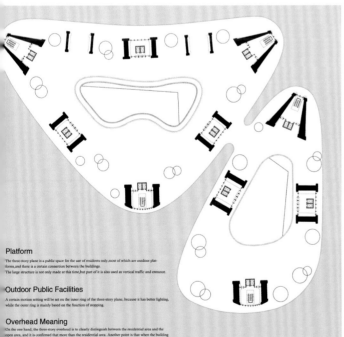

Platform

The three-story planet is a public space for the use of residents only, most of which are outdoor platforms, and there is a certain connection between the buildings. The large structure is not only made at this time, but part of it is also used as vertical traffic and entrance.

Outdoor Public Facilities

A certain motion setting will be act on the inner ring of the three-story plane, because it has better lighting, while the outer ring is mainly based on the function of stopping.

Overhead Meaning

On the one hand, the three-story overhead is to clearly distinguish between the residential area and the open area, and it is confirmed that more than the residential area. Another point is that when the building is completely enclosed, it is actually relatively closed, and the three-story overhead space just solves the problem of closure to a certain extent.

Ground Floor Plan 1:400

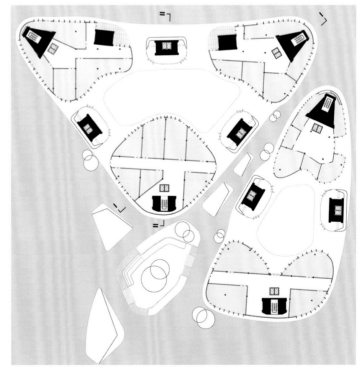

-Apartment Design -

Unit Description

There are eight to nine types of units to choose from, but these units are all in a modular format. In to meet the business crowd and young people, the interior decoration of the unit is mainly simple, wit corners unit type.

This building takes a unified model as a major feature of its design. People who enter the house car the type of apartment that suits them according to their own needs.

Basic Loft Units

Leap-floor units are mainly located on the upper floors of the residential area. There are types of un able for families and units for individuals.

100m²
Type A

150m²
Type B

100m²
Type C

100m²
Type D

100m²
Type E

60m²
Type F

Single-Floor Basic and Special Units

The audience of single-story units is mainly young people, of which the larger area is mainly used for shared rent.

188m²
Type G

112m²
Type H

75m²
Type I

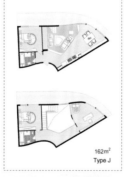

162m²
Type J

-Day View of Living Room-

- Night View of Living Room -

-Bedroom -

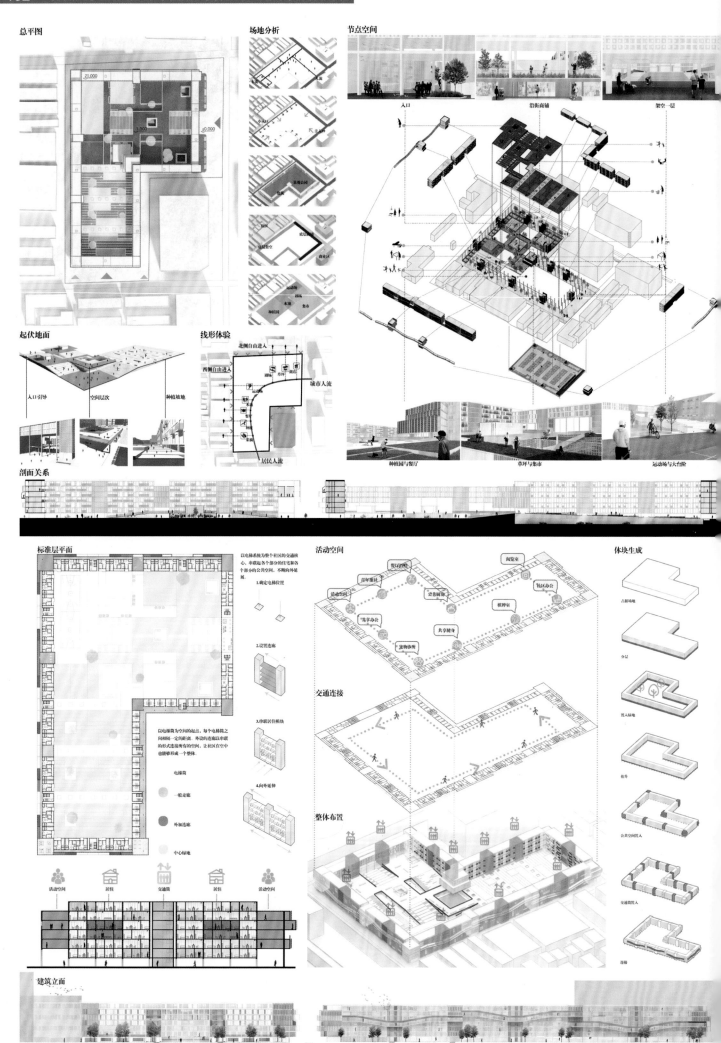

经济技术指标	
总用地面积	38000m²
总建筑面积	53500m²
地上总面积	38500m²
地下总面积	15000m²
建筑密度	0.337
容积率	212
绿地总面积	13700m²
绿地率	36.80%
停车位数	302个

生态共享社区——现实语境下的社区共享模式探索
The Workingdom HUB——Exploration of Sharing Mode in Realistic Context

概念 Concept

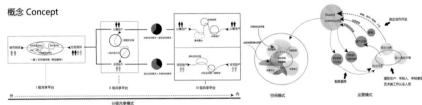

设计说明 Design Specification

"这是一个智能时代，一个个体表达的时代，一个移动共享的时代。"在城市飞速发展、人均居住空间不断被挤压的今天，共享社区正逐渐成为未来居住生活的一种趋势。但是由于社会意识普遍认为个体居住空间的经济价值远高于公共空间，在中国各大城市中实现建成的共享社区寥寥可数。面对此种情境，我们以社区潜在居民的视角出发分析其居住需求，在满足住户居住空间需求的前提下，实现社区资源的共享与利益的合理分配，建立一个生态共享社区。普通分级共享模式，对外将社区一层局部空间递还城市，使社区本身成为参与城市生活的载体，以解决城市高密度背景下公共空间资源匮乏缺的问题。对内针对不同类型用户的空间需求，不同级别的住户空间与居住空间比占有，共享功能配置也与该级别住户的需求相对应，以实现空间资源的最大化利用。同时为优化社区人居环境，我们在社区中引入了大面积的绿化空间，形成渗透式垂直绿化系统，以拉近城市居民与自然的距离，构建一个自然、和谐、宜居的生态共享社区。

场地选址 Site Location

基地位于中国江苏省苏州市姑苏区南部，与苏州工业园区毗邻。

基地分析 Site Analysis

周边业态
文教分布
绿化系统
交通系统
环境肌理

目标用户群分析 Potential Household Analysis

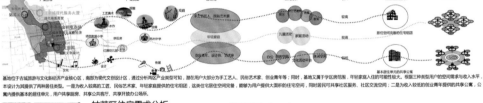

基地位于古城旅游与文化新经济产业核心区，南部为现代文创社区，通过分析两区产业类型可知，潜在用户大部分为手工艺人、民俗艺术家、创业青年等；同时，基地又属于学区房范围，年轻家庭入住的可能性极大。根据三种类型用户的空间需求与收入水平，本设计为其提供了两种居住类型。一是为收入较高的工匠、民俗艺术家、年轻家庭提供的住宅组团，这类住宅居住空间完备，能够为用户提供大面积的住宅空间，同时配以共享社区服务、社区交流空间；二是为收入较低的创业青年提供的共享公寓，公寓内提供基本的居住单元，用户共享厨房、共享公共客厅、共享开放的办公场所。

姑苏区住房需求分析

I. 姑苏区房价

图为2019年6月苏州市房价地图，苏州市二手房平均售价为25920元，姑苏区房价为27632元，高于平均值1712元，位居全市第二位。

II. 居民实力

图为苏州市家庭年收入统计数据，大部分家庭年收入集中在12万～50万元，而根据查询数据，年收入在27万元以上的家庭有能力购买住房，占比只有47%。

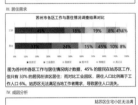

III. 居住需求

苏州市各区工作与居住情况调查结果对比

图为苏州市各区工作与居住情况统计数据，45%的居民在姑苏区工作，但只有33%的居民在该区居住；而对比工业园区，居住人口则属于工作人口6%，姑苏区无法满足当地工作者需求，导致居住人口流失。

IV. 成因分析

房价 > 居民购买力 居民倾向性

姑苏区传统社区 园区现代社区

V. 解决策略

居住小区在提供有可实住住的同时，可采用规模模式对不同经济实力住户的需求，引入共享社区模式，宣造安全开放的社区平台，改善社区居住环境，营造和谐的居住氛围。

总平面图 Site Plan

作品名称：生态共享社区——现实语境下的社区共享模式探索
学生姓名：康 婷 王月醒
指导教师：夏正伟 汤恒亮
优秀作业：2016级建筑设计课程作业

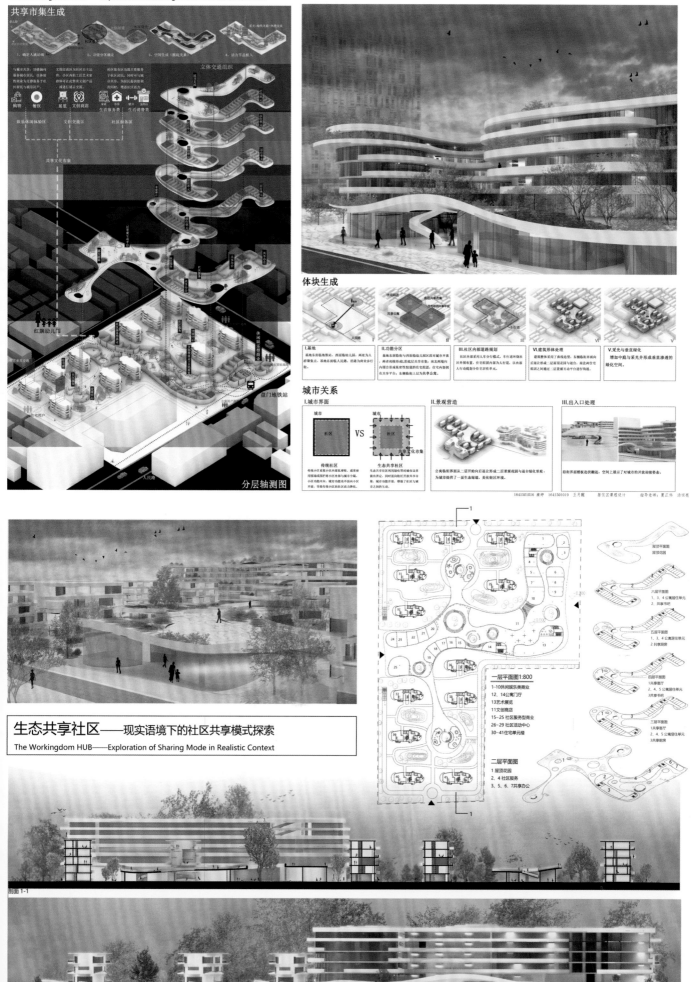

The Workingdom HUB——Exploration of Sharing Mode in Realistic Context

共享市集生成

立体交通组织

体块生成

城市关系

生态共享社区——现实语境下的社区共享模式探索
The Workingdom HUB——Exploration of Sharing Mode in Realistic Context

生态共享社区室内设计 Interior Design of the Workingdom HUB

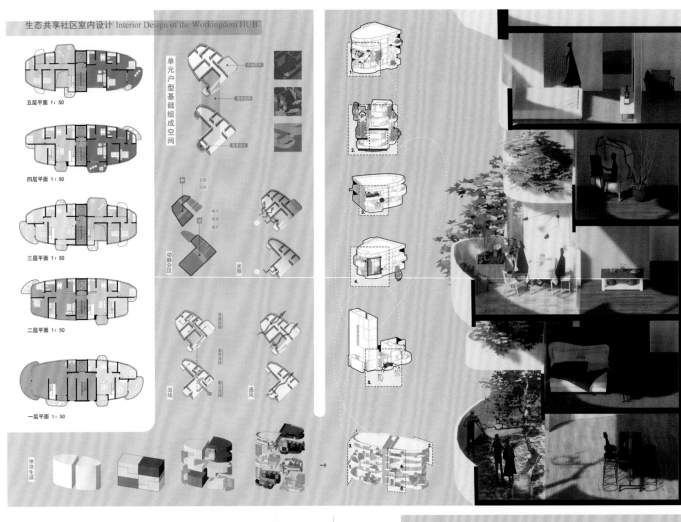

五层平面 1:50

四层平面 1:50

三层平面 1:50

二层平面 1:50

一层平面 1:50

体块生成

单元户型基础组成空间

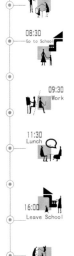

08:00 Breakfast
08:30 Go to School
09:30 Work
11:30 Lunch
16:00 Leave School
17:30 Dinner
19:00 Leisure Time
20:30 Wash
22:00 Sleep

生态共享社区室内设计　　Interior Design of the Workingdom HUB

设计说明

室内设计的概念从老城区新发展的艺术冲突着手，设置了代表老城区传统东方艺术的女主人和代表现代西方艺术的男主人，各自提取他们包含的元素，寻找其共同点并深入发展。

一层平面　　二层平面

生态花园　儿童 自由活动空间　雕刻 独立工作室　园林 小窗 框景　艺术家 观察视角

1. 主题　　2. 元素　　3. 几何

4. 图案生成

5. 图底转换

6. 排列组合　　7. 效果图

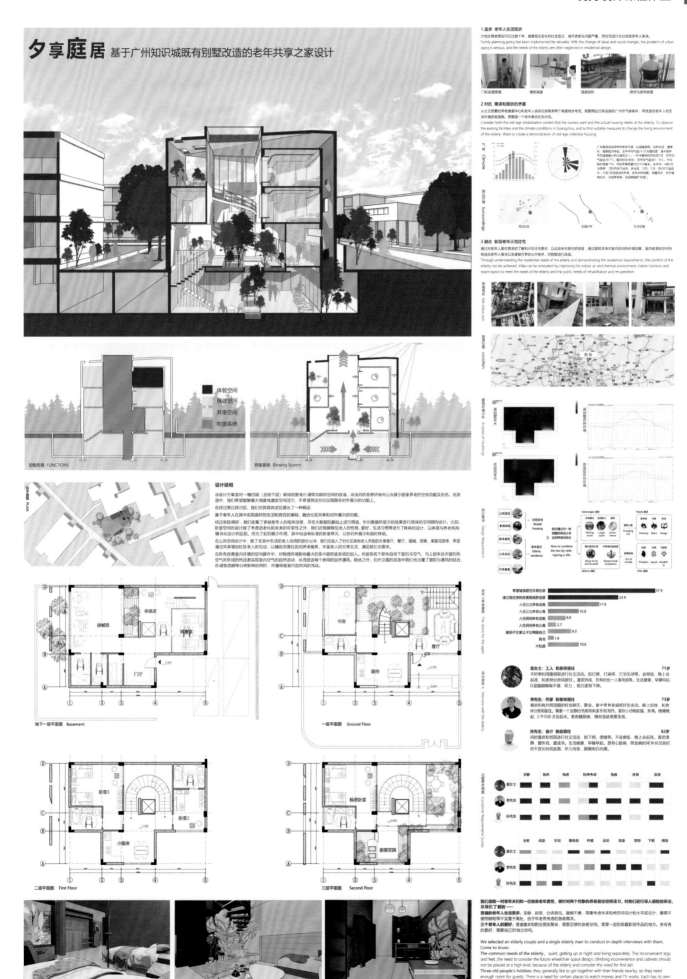

夕享庭居 基于广州知识城既有别墅改造的老年共享之家设计

系统拆分 System Splitting

遮阳通风屋盖系统 Roof System

在既有住宅外部增加一个屋盖系统，以提高风遮、遮阳防光、减少热量进入建筑。既在住宅区突出了建筑物，保持建筑物的完整性，也保证改造的低调和环境相融。

室内外绿化系统 Greening System

通过室内中庭绿化改善公共空间环境，装饰收集系统空间，并补一定程度上增加空间活力，改善使用体验。室外绿化为康复花园和休闲空间，以保证疗养体验。

公共空间系统 Public Space System

一层以地下为对外开放的共享空间，提供附近居民和老年人休闲、康复与集聚的场所，二楼及以上为住户的公共空间，保证一定的私密性。公共空间有健身康复空间、按摩洗浴空间、集聚闲聊空间和活动开放空间。

示范住宅系统 Demonstration Housing System

二层较私密，设置两个住户房间。选取单人间和双人间结合的方式，示范老年夫妻和孤寡老人的居住方式。一层以主要求三层都留为体验套房，为参观者体验后自行布置私宅即宣物典范。

吹拔系统 Blowing System

建筑中心设置收集系统，利用广充足的阳光和屋顶加热顶部空气，冷空气从地下拔出。在使室内温度适宜居住的同时，减少能源消耗，实现绿色节能。

结构体系 Structural System

由于是新建成的建筑，结构体系合理且状态良好，利用原别墅的框架结构，保留既有别墅的承重梁和柱，减少改造成本。

公共空间适老以及疗养设施 Aging and Recuperation Facilities

水平交通尺寸 790mm 750mm

900mm >750mm 800mm >800mm

重直交通方面考虑 1.升降平台 2.楼梯减缓坡度

单位: mm

650 650 650 200

600 1200 600 300

住宅系统分析 Analysis of Residential System

居住系统

居住系统包括两个双人套间和一个单人套间。其中，一个双人套间和单人套间为采访的老人量身定制，并且考虑了多年后情况变化的可动性。另一个双人间为体验空间，设施更加全面。

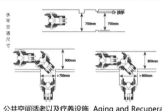

双人间　面积 29m² 卧室1 卧室2
单人间　面积 14m²

公共系统

公共系统主要为针对采访者定使用者的定制可变空间以及满足不少老年人需求的空间。例如看电视、喝茶、聊天、种花、烧菜等。空间在使用者搬离之后可迅速针对下一任使用者的需求进行更改和适应。

多功能空间1 Multifunctional Space I　面积 15m²
为二层住户的公共用餐和集聚空间，可根据居住人群具体需求进行改造。

多功能空间2 Multifunctional Space II　面积 13.5m²
为二层住户的定制阅读写作空间，可根据居住人群变化对空间进行改造。

屋顶花园 Garden　面积 34m²
屋顶的康复花园和花园休息空间为居住者提供了康复疗养以及良好且私密的体验空间。

厨房

共享系统

别墅中设置了面向周围住户的共享空间从而带动社区的活力。上层为完全共享空间，为公共健身康复空间，地下为半共享空间，用于举办活动和集聚聊天。

底层共享空间 Shared Space I　面积 119m²
地下一二层为社区共享健身康复和洗浴空间。

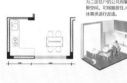

集聚共享空间 Shared Space II　面积 25m²
一层布置大客厅，力保持阳光和展会聊天，也可以为周围居民活动空间。
客厅

烹饪用餐共享空间 Shared Space III　面积 15m²
为住户用餐空间，可以用于举办聚餐，插花等活动。

康复花园
（单位：mm）

基于广州知识城既有别墅改造的老年共享之家设计　**夕享庭居**

集聚聊天

康复花园

健身房

聚餐、烹饪活动

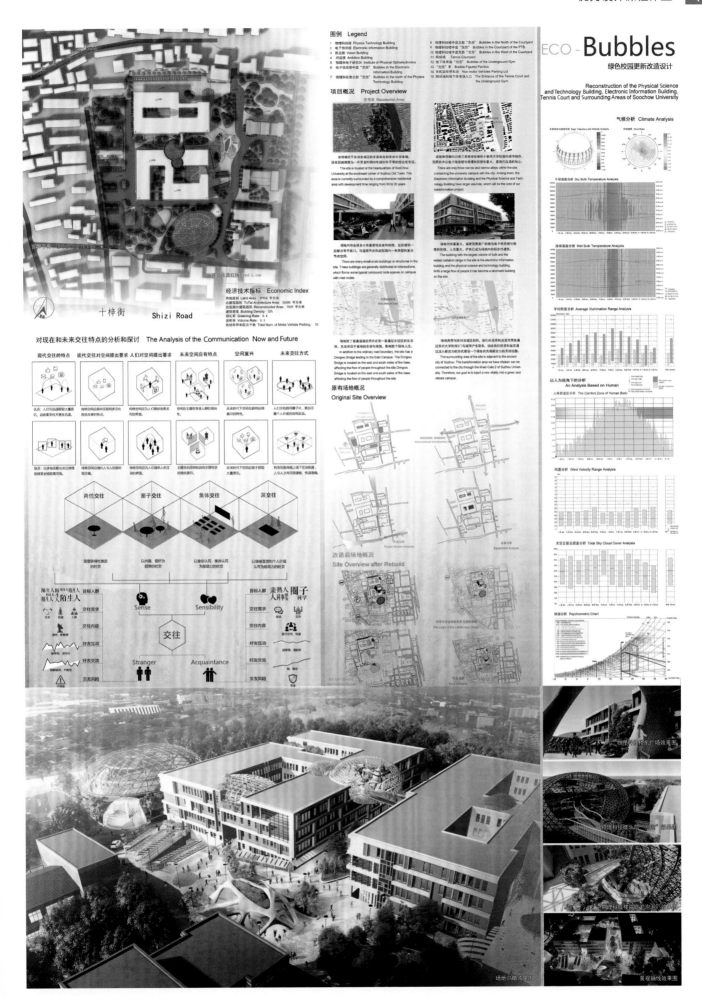

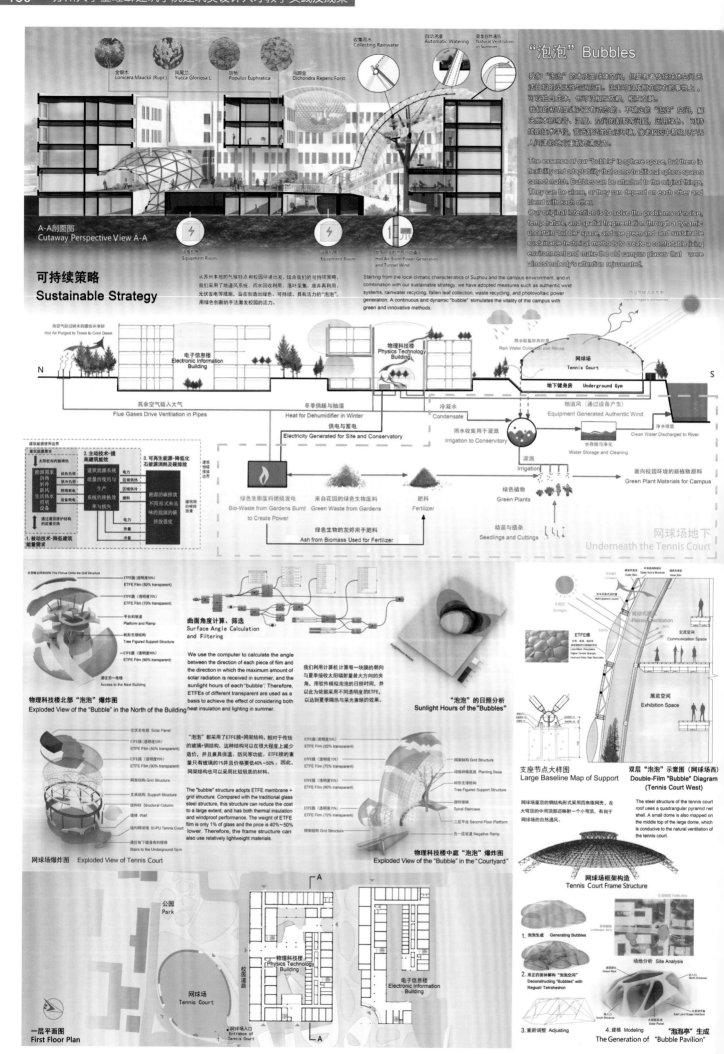

全银木 Lonicera Maackii (Rupr.) 凤尾兰 Yucca Gloriosa L. 胡杨 Populus Euphratica 马蹄金 Dichondra Repens Forst.

收集雨水 Collecting Rainwater 自动花溉 Automatic Watering 夏季自然通风 Natural Ventilation in Summer

A-A剖面图 Cutaway Perspective View A-A

设备机房 Equipment Room 设备机房 Equipment Room 发电产生的热风并地暖 Hot Air from Power Generation and Tunnel Wind

"泡泡" Bubbles

我们"泡泡"的本质是球体空间,但是有着传统球体空间无法比拟的灵活性与适应性。泡泡可以依附在原有的事物上,可以独自成体,也可以相互依附,相互交融。
我们的初衷是要通过富有变动的、不确定的"泡泡"空间,解决原本的噪音、温度、空间的割裂等问题,运用绿色、可持续的技术手段,营造舒适的生活环境,使老校园中那些几乎无人问津的地方重新焕发活力。

The essence of our "bubble" is sphere space, but there is flexibility and adaptability that some traditional sphere spaces cannot match. Bubbles can be attached to the original things. They can be alone, or they can depend on each other and blend with each other.
Our original intention is to solve the problems of noise, temperature, and spatial fragmentation through a dynamic uncertain "bubble" space, and use green and and sustainable technical methods to create a comfortable living environment and make the old campus places that were almost nobody's attention rejuvenated.

可持续策略
Sustainable Strategy

从苏州本地的气候特点和校园环境出发,结合我们的可持续策略,我们采用了地道风系统、雨水回收利用、落叶采集、废弃再利用、光伏发电等措施,旨在创造出绿色、可持续、具有活力的"泡泡",用绿色创新的手法激发校园的活力。

Starting from the local climatic characteristics of Suzhou and the campus environment, and in combination with our sustainable strategy, we have adopted measures such as authentic wind systems, rainwater recycling, fallen leaf collection, waste recycling, and photovoltaic power generation. A continuous and dynamic "bubble" stimulates the vitality of the campus with green and innovative methods.

热空气经过树木的吸收并冷却 Hot Air Purged to Trees to Cool Down
电子信息楼 Electronic Information Building
物理科技楼 Physics Technology Building
雨水收集和再利用 Rain Water Collection and Reuse
网球场 Tennis Court
地下健身房 Underground Gym
热空气排入大气中 Hot Air Purged to Atmosphere

其余空气排入大气 Flue Gases Drive Ventilation in Pipes
冬季供暖与抽湿 Heat for Dehumidifier in Winter
冷凝水 Condensate
地道风(通过设备产生) Equipment Generated Authentic Wind
净水排放 Clean Water Discharged to River

供电与蓄电 Electricity Generated for Site and Conservatory
雨水收集用于灌溉 Irrigation to Conservatory
水存储与净化 Water Storage and Cleaning

建筑能源使用边界
建筑能源边界
1. 太阳能和地热辐射
能源需求 供热 制冷 新风 生活热水 照明 设备
2. 主动技术-提高建筑能效
建筑能源系统 能量的使用与生产 系统的转热效率与损耗
可再生能源-降低化石能源消耗及碳排放
能源的碳排放强度和品味的能源消耗与排放强度
电力 区域供热 区域供热 燃料
电力 热量 冷量
建筑物的碳排放量
建筑物理边界
1. 被动技术-降低建筑能源需求
通过建筑围护结构的能量交换

绿色生物废料燃烧发电 Bio-Waste from Gardens Burnt to Create Power
来自花园的绿色生物废料 Green Waste from Gardens
肥料 Fertilizer
绿色植物 Green Plants
面向校园环境的新植物原料 Green Plant Materials for Campus
灌溉 Irrigation
绿色生物的灰烬用于肥料 Ash from Biomass Used for Fertilizer
幼苗与插条 Seedlings and Cuttings
网球场地下 Underneath the Tennis Court

ETFE膜(透明度50%) ETFE Film (50% transparent)
ETFE膜(透明度70%) ETFE Film (70% transparent)
平台和坡道 Platform and Ramp
树形支撑结构 Tree Figured Support Structure
ETFE膜(透明度90%) ETFE Film (90% transparent)
通往下一栋楼 Access to the Next Building

曲面角度计算、筛选
Surface Angle Calculation and Filtering

We use the computer to calculate the angle between the direction of each piece of film and the direction in which the maximum amount of solar radiation is received in summer, and the sunlight hours of each "bubble". Therefore, ETFEs of different transparent are used as a basis to achieve the effect of considering both heat insulation and lighting in summer.

我们利用计算机计算每一块膜的朝向与夏季接收太阳辐射量最大方向的夹角,用软件模拟泡泡的日照时间,并以此为依据采用不同透明度的ETFE,以达到夏季隔热与采光兼顾的效果。

"泡泡"的日照分析 Sunlight Hours of the "Bubbles"

物理科技楼北部"泡泡"爆炸图 Exploded View of the "Bubble" in the North of the Building

光伏发电板 Solar Panel
ETFE膜(透明度50%) ETFE Film (50% transparent)
ETFE膜(透明度99%) ETFE Film (90% transparent)
网架结构 Grid Structure
支承结构 Support Structure
结构柱 Structural Column
墙体 Wall
硅PU网球场 Si-PU Tennis Court
通往地下健身房的楼梯 Stairs to the Underground Gym

"泡泡"都采用了ETFE膜+网架结构,相对于传统的玻璃+钢结构,这种结构可以在很大程度上减少造价,并且兼具保温、防风等功能。ETFE膜的重量只有玻璃的1%且价格要低40%~50%,因此,网架结构也可以用比较轻的材料。

The "bubble" structure adopts ETFE membrane + grid structure. Compared with the traditional glass steel structure, this structure can reduce the cost to a large extent, and has both thermal insulation and windproof performance. The weight of ETFE film is only 1% of glass and the price is 40%~50% lower. Therefore, the frame structure can also use relatively lightweight materials.

网球场爆炸图 Exploded View of Tennis Court

ETFE膜(透明度50%) ETFE Film (50% transparent)
ETFE膜(透明度70%) ETFE Film (70% transparent)
ETFE膜(透明度90%) ETFE Film (90% transparent)
绿色植物种植基 Planting Base
树形支撑结构 Tree Figured Support Structure
旋转楼梯 Spiral Staircase
二层平台 Second Floor Platform
负一孔坡道 Negative Ramp
网架结构 Grid Structure
ETFE膜(透明度70%) ETFE Film (70% transparent)

物理科技楼中庭"泡泡"爆炸图 Exploded View of the "Bubble" in the "Courtyard"

外层表皮 Outer Skin 外层裙房结构 Outer Skin's Structure 内层表皮 Inner Skin
太阳光 Sunlight
半开式百叶 Half-Opened Louver
被动式通风 Passive Ventilation
交流空间 Communication Space
展示空间 Exhibition Space
ETFE膜 ETFE

支座节点大样图 Large Baseline Map of Support

双层"泡泡"示意图(网球场西) Double-Film "Bubble" Diagram (Tennis Court West)

The steel structure of the tennis court roof uses a quadrangular pyramid net shell. A small dome is also mapped on the middle top of the large dome, which is conducive to the natural ventilation of the tennis court.

网球场屋顶的钢结构形式采用四角锥网壳,在大穹顶的中间顶部还映射一个小穹顶,有利于网球场的自然通风。

网球场框架构造 Tennis Court Frame Structure

1. 泡泡生成 Generating Bubbles
景观绿化 Landscape Axis
2. 用正四面体解构"泡泡"空间 Deconstructing "Bubbles" with Regular Tetrahedron
绿色道路 Green Road
北入口 North Entrance
3. 重新调整 Adjusting
南入口 South Entrance
太阳能板 Solar Panel
东侧景观坡道 East Land Scape Road
场地分析 Site Analysis
4. 建模 Modeling
"泡泡亭"生成 The Generation of "Bubble Pavilion"

公园 Park
物理科技楼 Physics Technology Building
电子信息楼 Electronic Information Building
网球场 Tennis Court
校园道路 Campus Road
网球场入口 Entrance of Tennis Court

一层平面图 First Floor Plan

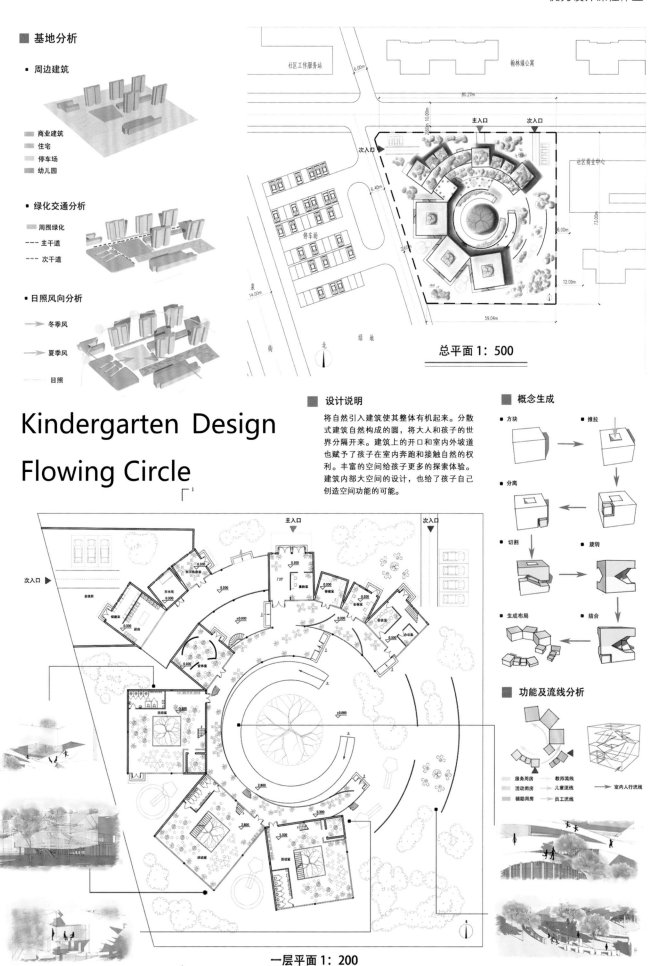

基地分析

- 周边建筑

  - 商业建筑
  - 住宅
  - 停车场
  - 幼儿园

- 绿化交通分析

  - 周围绿化
  - 主干道
  - 次干道

- 日照风向分析

  - 冬季风
  - 夏季风
  - 日照

总平面 1：500

Kindergarten Design
Flowing Circle

设计说明

将自然引入建筑使其整体有机起来。分散式建筑自然构成的圆，将大人和孩子的世界分隔开来。建筑上的开口和室内外坡道也赋予了孩子在室内奔跑和接触自然的权利。丰富的空间给孩子更多的探索体验。建筑内部大空间的设计，也给了孩子自己创造空间功能的可能。

概念生成

- 方块
- 推拉
- 分离
- 切割
- 旋转
- 生成布局
- 结合

功能及流线分析

- 服务用房
- 活动用房
- 辅助用房
- 教师流线
- 儿童流线
- 员工流线
- 室内人行流线

一层平面 1：200

作品名称：Flowing Circle—Kindergarten Design
学生姓名：许沁怡
指导教师：王洪羿
优秀作业：2017级建筑设计课程作业

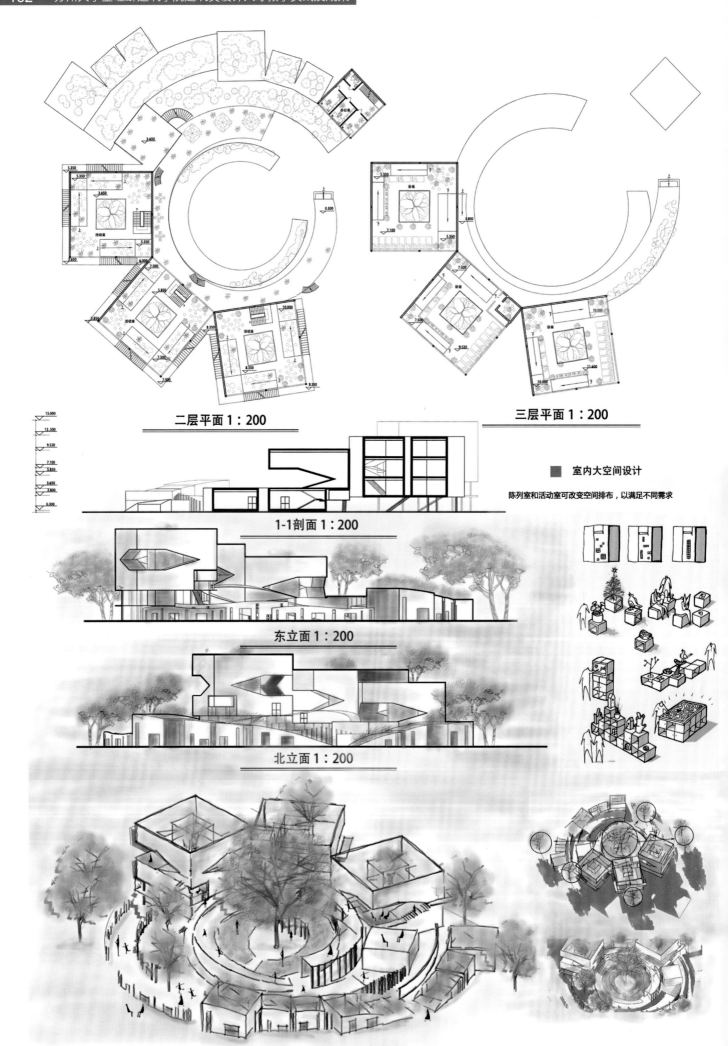

二层平面 1：200

三层平面 1：200

■ 室内大空间设计

陈列室和活动室可改变空间排布，以满足不同需求

1-1剖面 1：200

东立面 1：200

北立面 1：200

基本空间单元设计

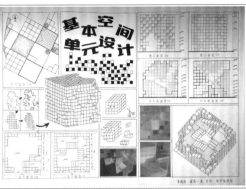

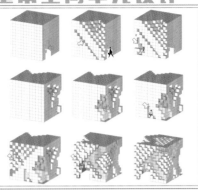

微型公共空间服务系统设计

随着城市化的发展，我们的生存环境变得拥挤，人与人之间的距离越来越遥远，我们的城市急需更新。苏州老城社区街道建成时间较长，存在着社区优质公共空间供给不足的问题。在现代社会发展中，城市化进程与历史建筑保护之间的矛盾对城市建筑的规划与设计提出了更加理性和感性的要求。

在校园内基本空间单元设计的基础上，将这种小型的6m×6m×6m的书屋进行深化拓展设计，作为一种可复制的微型公共空间服务系统置入苏州古城区街道，在城市土地资源紧张的情况下，满足人们对文化空间的需求，并适应交流方式的变革。

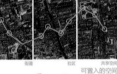

街道　社区　共享空间
可置入的空间

CITY JOINT

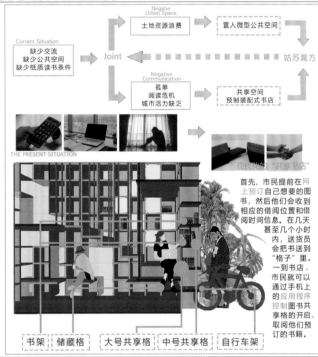

Neggtie Urban Space

土地资源浪费 → 置入微型公共空间

Current Situation
缺少交流
缺少公共空间
缺少纸质读书条件

Joint　姑苏魔方

Negative Communication
孤单
阅读危机
城市活力缺乏 → 共享空间预制装配式书店

THE PRESENT SITUATION

现代社区　"共享书店"

首先，市民提前在网上预订自己想要的图书，然后他们会收到相应的借阅位置和借阅时间信息。在几天甚至几个小时内，送货员会把书送到"格子"里。一到书店，市民就可以通过手机上的应用程序控制图书共享格的开启，取阅他们预订的书籍。

书架　储藏格　大号共享格　中号共享格　自行车架

"便携式"装配书屋设计

榫卯

TENON-AND-MORTISE JOINT

榫卯是古代中国建筑、家具及其他器械的主要结构方式，两个构件以凹凸部位相结合的方式进行连接，凸出部分叫榫（或叫榫头），凹进部分叫卯（或叫榫眼、榫槽），其特点是不用钉子，而是利用卯榫连接或加固物件，体现出中国古老的文化和智慧。

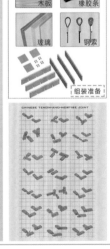

CHINESE TENON-AND-MORTISE JOINT

主要材料

木板　橡胶条

玻璃　钢索

组装准备

组装过程

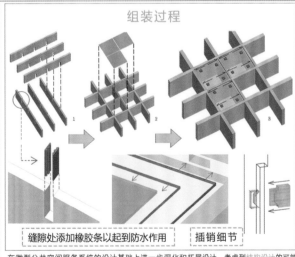

1　2　3

缝隙处添加橡胶条以起到防水作用　插销细节

在微型公共空间服务系统的设计基础上进一步深化和拓展设计，考虑到结构设计的可能性，提出设计"便携式书屋"的思考，利用的是可预制的榫卯结构，既简单易建，又与室内功能紧密结合。

"便携式书屋"的设计能够使设计场地几乎可以位于现代建筑和当地社区的每一个角落，成为真正的移动阅览室。"便携式书屋"除了能为所在社区带来活力之外，还有潜力渗透到城市各种各样的地块组织中，创造出丰富的城市内部景观。发展装配式建筑具有节能环保、减少污染的优点，是按照适用、经济、安全、绿色、美观要求推动建造方式创新的重要体现。通过结合中国古老的文化智慧——榫卯工艺，来简化现代搭建方式，有助于减少资源消耗，实现设计"便携式书屋"的设想。

作品名称：微型公共空间服务系统设计·"便携式"装配书屋设计
学生姓名：李姝怡
指导教师：张玲玲
优秀作业：2018级建筑设计课程作业

从立体构成
到场所建构1

折叠单体生成	立体构成1	立体构成2	场所建构
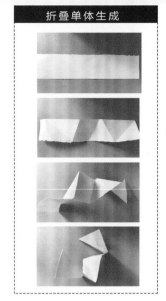	形成折叠的概念 ↓ 进行材质和色彩的对比 ↓ 形态的生成和变形 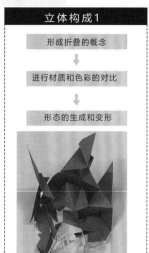	用折叠的方式让柔软的纸张得以形成错落的平面，通过这种方式来创造空间 在纸面上剖出长条形的洞口，使空间内部有丰富的光影变化 	保留折叠的概念 ↓ 去除无意义的立面 ↓ 融入周围景观 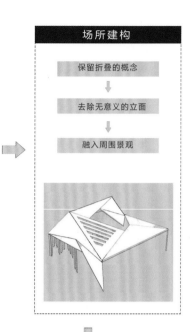

基地实景

总平面图

基地分析

● 选择在文综楼前的场地，因为此地为学校公共课的主要教学楼，人流量大，目的是提供一个可以驻足的栖息场所，消除紧张带来的疲惫感。

● 东侧的景观湖是环绕校园内部的某河流的分支，为亭子内部的观景提供了更丰富的画面；亭子表面的柔和起伏状外壳与白色的立面设计可与水面相映衬。

● 周围原有的绿化给亭子提供了一个相对独立而安静的空间环境，同时丰富了亭子内部的取景。

● 亭子南侧的校园主干道和西侧的行道保证了交通的通达度，确保了亭子的可用性。

单位：mm
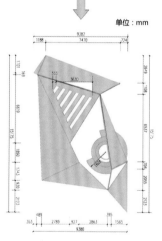

立/剖面图

局部透视
条纹镂空设计来源于立体构成中白色模块，它使光线缓慢地浸润内部空间，形体与置入的树木在地面上投射出有层次和秩序的光影，给驻足者以沉浸感。

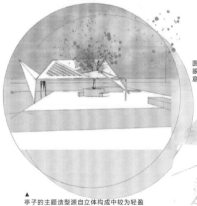

圆形的花坛边延伸出供人休息的的长椅。眼前的光线可以投射斑驳的树影，此乃诗的栖居。

▲ 亭子的主题造型源自立体构成中较为轻盈

▲ 东立面的造型来源于立体构成中的背景模块。栅格状的造型一方面体现了内部空间的私密性，另一方面则成为临水一侧的取景框，使取景更为丰富。

作品名称：从立体构成到场所建构1
学生姓名：魏子茹
指导教师：胡 扬 董 艳
优秀作业：2019级建筑设计课程作业

平面构成	立体构成	场所建构

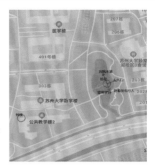

弧　韵　重
线　律　复

平面构成选取卫生间最常见的抽纸筒为元素，将抽纸筒优美的弧形运用打散、重复、变异、相似等多种手法变换成不同的平面图案。

曲　传　错
面　统　落

立体构成的灵感来自中国传统建筑中层层错落、飞檐翘角的意象，因此在立体构成中将大量的1mm雪弗板进行弯曲处理后重叠在一起，再用木棍支撑，以达到曲面错落的效果。

扇　肌　错
形　理　落

本建筑选址于苏州大学独墅湖校区北校区内湖边，作为休憩小品供师生使用。拟选用玻璃、木材进行营造，以融入环境。本建筑小品由四个小体块围合而成，以营造丰富的空间体验。

手绘图纸

单位：mm

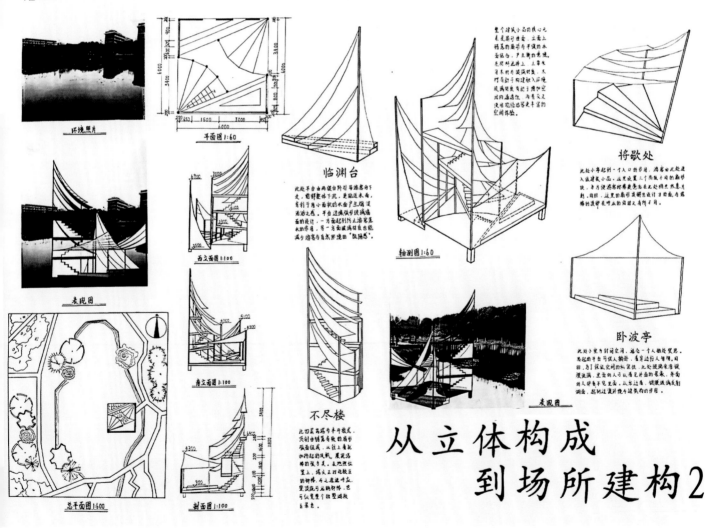

作品名称：从立体构成到场所建构2
学生姓名：王沁
指导教师：钱晓宏　张玲玲
优秀作业：2019级建筑设计课程作业

适形与大壮·蒹葭与芸薹——"风角盒"的分析与制作

体验空间

立面设计　　　单位：mm

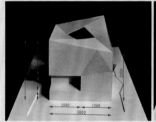

北立面，利用图形的加减法，用三角形块制作成内外座椅，一边可供三人休息，在其前方是油菜花，可供欣赏。

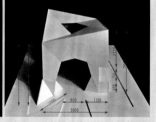

东立面，利用三角形块的拼接形成了多边形的门，还有三角形块的折叠，引导人群向内部流动。

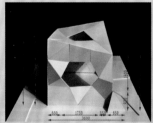

南立面，计算出合适角度的三角形块进行拼接，使面产生扭曲，并形成了窗，在旁边利用加法制作三角形，以利于建筑稳定。

西立面，该面三角形分别向两边延伸，使两边平衡，以利于空气流通，也富有设计感。与南面之间有三级台阶，可供行和坐。

设计概念

根据环境建造合适的建筑物是适形与大壮。当建筑处于芦苇荡和油菜花中时，则可欣赏两种植物的美丽，感受大自然的魅力，让快节奏的生活慢下来，从而获得轻松感。

节点模型

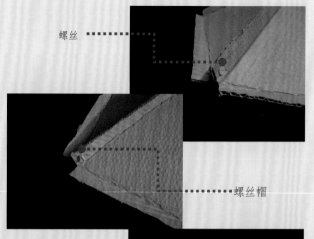

螺丝

螺丝帽

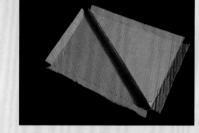

切出固定的三角形，并且同时切出矩形，用于与周围面的连接，从而形成无缝连接。

空间体验

作品名称：适形与大壮·蒹葭与芸薹——"风角盒"的分析与制作
学生姓名：陈娇娇
指导教师：王思宁　臧公秀
优秀作业：2019级建筑设计课程作业

作品名称:"适形与大壮"建造节

优秀作业:历年建造节优秀作品

暑期境外研修实践

活动名称：2015年暑期港澳研修——香港商业建筑形态设计调研

活动名称：2015年暑期港澳研修——香港展览空间设计调研

Roma

2018年暑期意大利研修
调研报告

苏州大学金螳螂建筑学院
GOLD MANTIS SCHOOL OF ARCHITECTURE

罗马美院学习之旅启程

来到意大利罗马的第一天，在短暂的调整时差之后，全体师生来到了罗马美术学院。这次安排的住宿地方与罗马美院相距不远，所以老师为我们选择的交通方式是地铁出行，这对我们体验罗马当地的生活有很好的帮助。

来罗马美院的第一天，我们与学院的Lisi教授见面，他是在美院任教的一位拥有很强能力的建筑师。同行的还有一位担任意大利语翻译的美院教师，她主要负责研修团同学与教授的沟通工作。在简单的见面交流之后，Lisi教授首先为我们介绍了意大利主要的建筑风格——罗马式建筑风格、哥特式建筑风格和巴洛克式建筑风格。

巴洛克风代表人物

博罗米尼·弗朗切斯科（Borromini），意大利巴洛克艺术风格建筑师，借以几何的几何比例和复杂的设计闻名。代表作品是卡罗大教堂(1650)和圣伊沃大教堂(1660)。无论是在空间的曲面设计上还是在平面布置的凹凸曲线和隐秘的光线的运用一等，创始与创新开创的气氛端倪处，性格古典元素。

弗朗切·洛伦佐·贝尼尼(Gianlorenzo Bernini)是意大利雕塑家、建筑家、画家。意大利早期巴洛克艺术最重要的代表人物之一。17世纪意伟大的艺术大师。对于艺术、绘画、雕塑、建筑都有贡献。他为众多教皇服务，意大利上工作繁重，主要和带来到陶瓷的论题、意大利在各艺术之作品。而这一生中造就多教皇的教皇宫和以及罗马城达至安、圣被锋大教堂的这波绳。

巴洛克建筑：圣卡罗教堂

圣卡罗教堂
是位于罗马的天主教堂，由建筑师博罗米尼设计，是巴洛克式建筑的标志性杰作。教堂的建筑和局部显示了狭窄而困难的场地的布局，而且在地理上位于街道的拐角处，旁边有回廊，两者都面向Via pia教堂的凹凸立面以非经典的方式起伏，高大的科林斯柱子立在底座上，承担着主要的穹顶。这些要素定义了两层楼的主要框架。在柱子之间，较小的柱子和它们的内部编织构成壁龛、窗户、各种雕塑以及主门、上层的中央椭圆形窗户构成。教堂内部设计复杂而特别，但可以在竖直方向上将之分为地面的较低阶、雅俗的过渡区和椭圆形椅子的穹顶三部分。主祭坛的后殿侧翼是一对相应的门道，右门通往修道院，左边通向一个名为Capella Barberini的外部教堂。修道院分两层，沿入口轴线的空间比宽的空间长，通过交替的圆形和扁平头部开口的十二个柱的间距，以及拐角的曲率和栏杆的变化，进一步增加了细长八边形平面的复杂性。

广场认知：西班牙大台阶

西班牙大台阶是位于意大利罗马的一座户外阶梯，连接了西班牙广场，而台阶的上面是天主圣三教堂，从这里可以俯瞰罗马美景。方块碑在教堂前面，属于巴洛克风格，大台阶由钙华石砌成，由3个大平台分3层，台阶分上下两段共35个石级，两侧的弧形台阶将各平台连接起来，台阶平面如同一只花瓶，形成动人的曲线，台阶的宽窄变化，踏步的和谐搭配，让人感受到缓急张弛的韵律。

在大台阶建成之前，东面的教堂和过往街道与西面的广场处于无序状态，而曲线形大台阶则将标高不同、轴线不一的广场与街道有机地统一起来，建构成一个和谐的整体。大台阶之上，一座16世纪的双塔式教堂俯瞰着广场；台阶前的"小舟喷泉"具有沉船的形式，它的设计是基于宝伯河大规模洪水的民间传说，是贝尼尼父亲的作品。西班牙大台阶体现出巴洛克建筑自由灵活的风格在城市整体布局方面的优势。

课程项目：教堂广场改造

阶段一：分组（四人一组），实地调研（针对周边现状、业态、交通、使用人群等进行调研）。

阶段二：绘制概念草图，与老师进行交流，小组讨论，定下方案。

阶段三：绘制成图（方式：手绘），并将成果展示于两张A1白纸（其一为草图展示），上交成果。

·手绘作品欣赏　　改造场地及周边　　我们的学习生活

Roma

2018年暑期意大利研修
调研报告

苏州大学金螳螂建筑学院
GOLD MANTIS SCHOOL OF ARCHITECTURE

意大利古罗马竞技场

罗马斗兽场是公元1世纪罗马皇帝韦帕芗为了庆祝征服耶路撒冷的胜利，而强迫沦为奴隶的8万犹太和阿拉伯俘虏修建而成的，是古罗马帝国专供奴隶主、贵族和自由民观看对猛兽或奴隶角斗的地方。

这种建筑形态起源于古希腊时期的剧场，它们都傍山而建，呈半圆形，观众席就在山坡上层层升起。但到古罗马时期，人们开始利用拱券结构将观众席架起并将两个半圆形的剧场对接，由此形成了所谓的圆形剧场。

斗兽场由石灰华(10万立方米，采自提维里附近的采石场)构成，外立面分为四层，下三层由环形拱廊组成，最高的第四层为顶阁，分别为多立安样式、爱奥尼亚样式、科林斯样式的壁柱。看台在三层混凝土制的筒形拱上，每层80个拱，形成3圈不同高度的环形券廊，最上层则是50米高的实墙。台逐层向后退，形成阶梯式坡度。每层的80个拱形成了80个开口，最上面两层则有80个窗洞。

梵蒂冈博物馆

梵蒂冈博物馆位于罗马市中心的天主教国家梵蒂冈，是世界上最小的国家级博物馆。它的总面积达5.5万平方米，前身是教皇宫廷，从尼古拉斯五世时期开始扩建，历经几代教皇形成了目前这样庞大的建筑群，主要用于收集与保存稀世文物和艺术珍品。梵蒂冈博物馆有6公里的展示空间，拥有12个陈列馆和5条艺术长廊。在建筑布局上，又主要分为美术馆、伊突利亚、署名室、画廊和礼拜堂。它汇集了希腊、罗马的古代遗物，以及文艺复兴时期的艺术精华，大多是无价之宝。著名的西斯廷教堂就在其中。是欧洲排名第三或第四的艺术殿堂，珍藏着米开朗琪罗的画作《创世纪》《最后的审判》，署名室中还藏有拉斐尔的著作《雅典学院》等。

MAXXI博物馆

罗马最新当代艺术场馆MAXXI博物馆系由扎哈·哈迪德设计，它是一座用钢铁和玻璃搭建的现代建筑，用于收藏意大利当代艺术作品。

扎哈表示，该博物馆"并不是一个容器，而是一个艺术品营地"，在这里走廊与天桥相互叠加和连接，创造出一个具有生机的动感空间。尽管该建筑的功能清晰，在平面上组织合理，但导致空间的灵活使用性仍是该设计的主要目标。空间的连续性设计避开了墙体划分和干扰，为建筑内的多样动线和临时展示提供了良好场所。进入博物馆的中庭，混凝土弧墙、悬浮的黑色楼梯和采纳自然光线的开敞天花，这建筑的这些主要元素映入眼帘。借助这些元素，扎哈力求创造出多视点和分散几何体的新型空间流动性，以此来象征现代生活的纷杂动感。

万神殿

万神殿是奥古斯都都统治时期的早期寺庙遗址，由哈德良完成，它是古罗马所有建筑中保存最完好的建筑之一。自7世纪以来，万神殿一直被用作致力于圣马丽和圣玛丽教堂的教堂，入口左侧的第三个壁龛还葬入了文艺复兴三大家之一拉斐尔的遗骸。建筑是圆形的，入口的巨大山形墙下有花岗岩科林斯柱的门廊，长方形的前庭将门廊连接到圆形大厅。圆形大厅位于一个格子混凝土穹顶下面，中央有一个开口，它是世界上最大的无筋混凝土穹顶，穹顶的高度和内圈的直径均为43米。圆顶顶部的开口和入口门是此部唯一的自然光来源，其也可用作冷却和通风来自顶部圆口的光线在一天中会以逆向日的方式移动。穹顶内采用凹槽式镶板，5个环每组28块。

Firenze

苏州大学金螳螂建筑学院
GOLD MANTIS SCHOOL OF ARCHITECTURE

2018年暑期意大利研修
调研报告

佛罗伦萨整体城市空间

在整体城市空间的营造与建设中，尤其是空间的组织上，佛罗伦萨体现出理想城市模式探索的理性规律，共功能布局明确，沿街建筑的建筑风格与色彩统一。

市政建筑作为政治中心，随着政治权力的变迁，愈加强调中心性。与商业关系最为密切的是市场，也是市民生活的重要场所，佛罗伦萨最主要的市场广场坐落于城市的地理中心，如今被称作"老市场"。城市以北郊的大教堂和南郊的市政厅作为两极，以圣·米歇尔谷物市场为中心，鞋匠路成为连接三者的中轴线，城市布局由此被整合，凸显了有机整体的结构感。

圣母百花教堂

圣母百花教堂始建于1296年，由建筑师阿尔诺夫·迪·卡姆比奥设计，并采用精通穹窿古建筑的工匠菲利波·布鲁内莱斯基著名的圆顶(穹顶)建造，1436年最终竣工。大教堂有着19世纪哥特复兴风格的立面，它出自建筑师埃米利奥·德法布里斯之手。其外部是色调深浅不同的白、绿和粉红等色的大理石块铺砌而成，色彩斑斓而和谐。整个教堂建筑群位于主教座堂广场，由主教座堂、圣若望洗礼堂和乔托钟楼构成，并被列入联合国教科文组织评定的世界遗产佛罗伦萨历史中心(1982)的一部分。

圣母百花大教堂是意大利最大的教堂之一，而其圆顶则是有史以来最大的砖造穹顶。

圣母百花大教堂为"宗座圣殿"的建筑——宽阔的中殿，中间是正方形的开间带，两侧连续的走廊环绕着整个空间。基本的方形在这些规则而又连续的走廊里被一再重复，十字的交叉部位，十字的侧翼及主祭坛，每个方形都由4个小方形组成，而中殿则包含了4个这样的大方形，它的形状是个在交叉处上方为一个窗洞的拉丁十字；而搁在墩柱上的尖肋拱顶则把中殿和侧廊分开。

乌菲兹美术馆

乌菲兹美术馆是世界著名绘画艺术博物馆，在意大利佛罗伦萨市乌菲齐宫内，以收藏欧洲文艺复兴时期和其他各画派代表人物如达·芬奇、米开朗琪罗、拉斐尔、波提切利、丁托列托、伦勃朗、鲁本斯、凡·代克等人的作品而驰名，并藏有古希腊、罗马的雕塑作品。馆址为1560年建立的由G·瓦萨里设计的4层楼——乌菲齐宫，其本身即为文艺复兴建筑的杰作。后经几次改建，两三百年间，美第奇家族的成员从各地搜集来的艺术品集中到乌菲齐，从而形成了乌菲齐公共博物馆。

皮蒂宫

皮蒂宫，典型的佛罗伦萨文艺复兴时代建筑，是美第奇家族的宫殿。1457年，佛罗伦萨商人皮蒂开始建造，宫殿也因此得名。1465年，宫殿被科西莫·美第奇买下用作市鲁内莱斯基重新设计，1764—1783年又添加了两侧辅楼，最终成为现在看到的样子。

Venezia

苏州大学金螳螂建筑学院
GOLD MANTIS SCHOOL OF ARCHITECTURE

2018年暑期意大利研修
调研报告

建城特色

Rivoalto群岛地处浅滩，多沼泽浅滩，岩石层深埋在淤泥质之下。这样的地理条件虽然阻滞了外部侵略，但也为生活生产带来了障碍；房屋缺乏稳固的地基；淡水严重缺乏。

特殊的环境迫使威尼斯人不再按照常规的方式造房屋。人们先清除地表的淤泥，然后在钻土中打下不超过4米的木桩，以便与岩石层的河床直接接触。将木桩插入威尼斯下的泥土之后，再铺上宽厚的伊斯特拉石。这种木材防水性能好，是从亚德里亚海的伊斯特拉运来的。然后石石材上铺砖，建成一座座建筑。

由于转比伊斯特拉石轻很多，所以不会出现房子严重下沉的问题。

木材在土中或在水下与空气隔绝，氧化速度慢，许多中世纪时的木桩现在还发挥着重要的作用。又因为木材韧性较强，能在一定的压缩变形下保持强度，所以，这种地钻土和木桩共同承载房屋的地基，一旦钻土的承载力下降了，木桩支撑房屋的力量就会加强，可以有效避免地基的不均匀沉降。

威尼斯严重缺乏淡水，生活用水主要依靠外界运输，并以地窖收集雨水作为补充。因此，良好的航运能力成为城市生存的命脉。缺乏淡水也不宜耕种，因此最早的威尼斯人以渔业为生，其后以港口商业为发展方向。

城市肌理

水深深影响了威尼斯的生活、生产与城市形态，威尼斯的建城理想是人与水的互动，体现了人与自然的共同创造。因为大运河奇特的"S"形走势及分支河道众多，威尼斯的格局繁复更就像一个大迷宫，但局部存在圈层和放射结构的重叠，加上人行街道多平行或垂直于运河，就构成了大量的交叉路口和广场。

水路运输取代了一般城市道路的功能，它们的作用就像一般城市道路构成的系统，并且既是陆上路干线又是水运干线，因此这种城市交通方式决定了城市的交通模式必须是步行和水上交通。

苏州同样是一座水系发达的城市，采用水陆并行双棋盘的格局，与威尼斯相似。苏州作为陆上城市，在地理条件上受陆路环境支持，如平原地貌、丰沛的降雨，以及淡水河流等，这就使苏州人的生存获得了较大保证，出行与生活并不完全依赖河流，因此生成的城市形态也就不如威尼斯纯粹、激进。

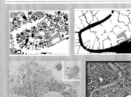

圣马可广场

广场，即城市客厅，是城市人流密度较高、聚集性较强的公共开放空间。欧洲的城市广场往往正聚着最重要的历史建筑，集中反映了城市的历史与精神面貌，是市民生活、交往集会的重要场所，因而对广场的解读具有重要意义。圣马可广场是威尼斯文艺复兴时期，拿破仑曾把这里称为"欧洲的会客厅"，是城市建设和建筑艺术的优秀范例。广场由包括大广场和小广场两部分，分别呈梯形。大广场东西向，位置偏北；小广场南北向，连接大广场和大运河口。大小广场有总督府、圣马可大教堂、圣马可钟楼、新旧行政官邸大楼和圣马可图书馆等建筑，与威尼斯大运河共同围合而成。

发展脉络

圣马可广场的建设，被褪根称作"一个半自觉的过程"，是一系列以完善广场为目的的痛苦决定的结果。在中世纪时，圣马可广场已现在的面积小很多，广场的核心也是圣马可教堂，但是教堂当时还是巴西里卡式，广场的空间格局基本确定。

11世纪，圣马可教堂重新建造为希腊十字军的拜占庭式建筑物；人们建起高达99米的大钟塔，然而钟塔并没有与下的建筑相脱离；总督府只是一座四边形斯府院和角塔楼的建筑物；南部的小广场边界模糊而不确定。

16世纪中叶，威尼斯对与圣马可大教堂和总督府毗邻的地区进行了城市规划。应圣索维诺的邀请，佛罗伦萨建筑师清除了街区上杂乱无章的建筑，重新建起了令人惊叹的圣桑特罗尼风规整的建筑群。大钟塔的体量与其下的建筑群脱离，使它可以独立地矗立于环绕它的空间中。与此同时，环绕广场的柱廊也在这次求建中得到了实施。从此，圣马可广场的经典形态得到了确定并延续地的。

空间转换

视线与流线转折是圣马可广场被称为城市客厅的原因之一，也是整个广场空间设计的精华所在。

在以圣马可教堂为中心的空间序列中，两个广场通过体量、视域和主景等方面的变化造成人们视觉感受的巨大差异。两个广场的主轴线基本互呈相垂直，使得在轴线方向上能够设置不同的对景。在广场入口的表达中，建筑师路易斯·康发现，沿着麦秆桥进入的空间视线，经过两个望柱后，被远端突出的图书馆东墙限定，折进广场的方向。

总督府的屋檐透视线高而短，图书馆则矮而长。图书馆南端突出于两根圆柱界定的边界外，而总督府的南立面则生里蜷进，留出了进入广场的通道。这两栋建筑的一伸一缩，完成了最终的空间流线转折。

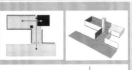

活动名称：2019年暑期美国研修

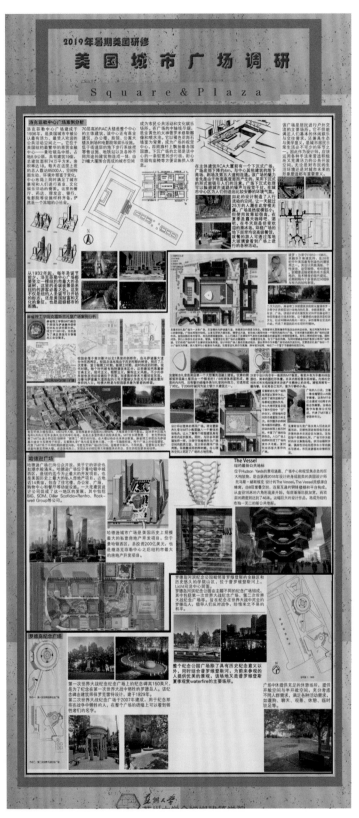

2019年暑期
日本建筑
名师研修
01
First

晴空塔
浅草寺
皇居二重桥

日本的设计风格在世界上是独特而有魅力的，它有着因有而独特的建筑观，同时又存在着对外来文化的包容和吸收，体现出东西方交融的特点。此项目特别安排了日本著名建筑设计师隈研吾的建筑巡礼，隈研吾是日本著名的建筑大师，他提倡以"负建筑"取胜的设计理念，追来以石头、木材、竹子和抵等素材为材料的"自然建筑"。

晴空塔
Tokyo Sky Tree

东京晴空塔的建造目的，是降低东京市中心内高楼林立而造成的电波传输障碍

浅草寺
Sensoji Temple

浅草寺位于东京都台东区，是日本现存的具有江户风格的民众游乐之地，更是东京都内最古老的寺庙。寺院的大门叫"雷门"，正式名称是"风雷神门"，是日本和浅草地区的象征。
我们游览故宫或中国其他古建筑时可以看到中国传统建筑中多有斗拱、出挑的屋檐，它们一开始都是作为房屋结构的一部分，用以支撑房屋，保证房屋的稳定性，后来逐渐演变为单纯的檐部装饰。

皇居
Tokyo Imperial Palace

皇居是东京都内唯一的日式古城堡遗迹。它位于东京中心的旧江户城中。宫殿各楼的建筑都采用屋檐很长、屋顶坡度平缓的入母屋式结构，即上居是人字形，下层是四角伸出的双层房顶结构，是传统的和式外观。

苏州大学金螳螂建筑学院
School of Architecture
Soochow University

2019年暑期
日本建筑
名师研修
02
Second

日本的设计风格在世界上是独特而有魅力的，有着因有而独特的建筑观，同时又存在着对外来文化的包容和吸收，体现出东西方交融的特点。此项目特别安排了日本著名建筑设计师隈研吾的建筑巡礼，隈研吾是日本著名的建筑大师，他提倡以"负建筑"取胜的设计理念，追来以石头、木材、竹子和抵博素材为材料的"自然建筑"。

明治神宫

明治神宫是位于日本东京都涩谷区代代木的神社，始建于1915年，1920年竣工，供奉有明治天皇和昭宪皇太后的神位。

微热山丘

对于这件艺术品的评价是无容置疑的，这简直就是与大自然、与山神对话的媒介。课堂上播出的片子讲到了在博物馆外有一片很大的空地，同时主持人也解释了空地的缘由。那么我也不要太多的废话了，直接就说我对于这样的设计的一种感受吧。

马头町广重博物馆

对于这件艺术品的评价是无容置疑的，这简直就是与大自然、与山神对话的媒介。

苏州大学金螳螂建筑学院
School of Architecture
Soochow University

活动名称：2019年暑期日本建筑名师研修

营员风貌
Style and Features of Members

研修生活写照
Life Portrait of Advanced Study and Training

2019年7月6日到7月11日，营员们在
日本度过了愉快而有意义的6天，离
别时依依不舍，在机场合影。

2019年暑期
日本建筑
名师研修
03
Third

精致的日本料理

日本料理，一碗饭，一碗汤，几碟不
同的菜，都能摆出精致好看的模样。
日本菜偏清淡，保留了食物最原始的
味道。大家吃得十分尽兴，沉浸于日
本料理的独特口味中。

舒适的旅馆

旅馆不大，但十分温馨，干净整洁。
一楼每天早上都会提供丰盛的早餐，
接待者态度热情友好，处处都营造
出温暖愉悦的氛围。

旅途合影

苏州大学金螳螂建筑学院
SCHOOL OF ARCHITECTURE
SUZHOW UNIVERSITY

东京大学学术交流
浅草文化观光中心
那须历史探访馆

The University of Tokyo

2019年暑期
日本建筑
名师研修
04
Forth

东京大学学术交流

东京大学，一所本部位于日本东京都文
京区的世界级著名研究型综合大学。在
此，我们对东京大学的样貌、各学院分
布，以及大师作品有了一定的了解，并展
开了学术研讨和交流。

浅草文化观光中心

浅草文化观光中心，外形独特，很有
江户味，楼高八层，目的是激活浅草
区域的商业潜力，给城市注入更多的
外来血液，焕发城市活力。

那须历史探访馆

由坚固的钢柱支撑着透明
圆周形玻璃墙，十分通透。

苏州大学金螳螂建筑学院
SCHOOL OF ARCHITECTURE
SUZHOW UNIVERSITY

2019年暑期新加坡研修

博物馆篇

滨海湾金沙艺术科学博物馆

由于时间关系，我们只在外围总体观望了艺术科学博物馆的全貌，并没有进入内部。这栋由Moshe Safdie设计的博物馆，外形犹如一朵盛开在水边的莲花，与其前方包围的睡莲池融为一体。十个花瓣的高度螺旋下降，又像是一只张开的手，顶端开有天窗，可以容阳光通过，它被称为"新加坡欢迎之手"。这10个手指分别代表了10个不同的展厅，手掌中心的集水库在晴天时可以让阳光照入增加室内光线，下雨时又可以让水流如水掌中流下，形成室内瀑布，成为一个景观。而收集来的雨水将被再次用于建筑内部清洁等，将环保的理念贯彻到了极致。坐在博物馆外莲花池旁的木凳上，可以感受到阵阵凉意，周围不时有鸟飞过，池中鱼儿畅游，不远处还能看到滨海艺术中心的建筑全貌，生态环境和景色都极为优秀。

新加坡国家博物馆

历史与现状
建于1887年的新加坡博物馆完美地结合了古典外表与现代化的空间，至今已有130余年历史，是新加坡最大、最古老的博物馆。它的本体呈具有浓郁古典主义风格的典雅建筑，是座英国殖民期加坡时的遗留的，具有几百的历史。它新建的圆形穹顶屋螺旋相差着，博物馆中随处可见折射现代的设计、直线接连重点上圆形空间的水晶拼接手法。博物馆中的讲解全部贯穿为电话形式的听取式，保证了环境的安静，也增添了趣味性。馆内根据历史的一共分为6个永久性别列馆，突出展现14世纪以来新加坡的生活及历史的演变过程。

理念
博物馆设计的理念是面向广大民众，以最先进又丰富多彩的方式讲述游客新加坡的文化，传播着传统博物馆的新新内涵。馆内可以见到旧时期留下的旋转楼梯，Sam向我们讲解它的用途——一般放置在居后供员工使用，因为已经成为观赏性装置，不容许游者进入使用。我们可以很清楚地看到其间或者人物道进前加建的天，了解其发展变化。展示馆中微缩的光线配上展示视屏等光影的映射，营造出一种时空交错的感觉，仿佛真的把人带回到那段历史当中。

新加坡美术馆

历史与现状
翻新后的新加坡国家美术馆是新加坡为东东南亚地区最大的视觉艺术场馆之一，总建筑面积为6.47万m²。它位于加坡市政区中心，由新加坡历史上最具有纪念意义的两座标志性建筑物前政厅和最高法院改建而成，这两栋建筑体现了新加坡历史约有80%，两栋建筑保留了18年历史各法院的法庭和构架所建筑。由于两栋楼在建立的特殊并没有考虑过两者会连成一体建筑，所以设计很有趣地考虑到三层间的连接走廊与楼面，各有不一样的结构，而各层之间由双下坡屋顶连接起来，为了继续的阳光能通过屋顶辐射到办公室的窗户，空罩马约伯阳光放置了等多个，Sam告诉我们，这是为了防止人在的降落时建这屋顶坡成玻璃环境，四楼保留了原本升高的一个圆顶建筑，当时是检修调查园园时很多的的商舍。

理念
作为一座博物馆建筑，美术馆有着好不同的韵味的展示空间。一个四层延续建的项目设置可以直接从负一楼看到顶端的屋顶。屋顶是的时太阳能板，在新加坡炙烈河以温处到吸收的太阳能，在雨天这会收集雨水，而新加坡以很好地整的技巧为最大的回报。在顶天到取可以遮住屋顶的建筑外来，我们也可以这连屋的玻璃幕下，在中看到外界的天气与光环境。这个中一部的玻璃天幕光延建的海面在阳光的照射下闪又发光。这个楼以天然材料湖通的屋顶一直延续到入口，包围住了楼个建筑。另还有一种好的是玻璃屋顶，可以让阳光直接射进建筑的第四层光，也可以保护建在玻璃的地方，新材料的展示等。通屋外连接通的是一种个大约感，同的个连接通道差建一处大约楼梯连成一体和构一起，也可以作为你的凳子提供人休息。由于时间的关系，我们开始到自顶屋面，但进这通的的玻璃通道，我们还挑到以看到外侧的重重景观。这看景观、墨自绿化空间，那是为了降低这吸收到的太阳热量。在前顶这座座河以延望到美术大楼的的包围，这最后这过是最高的，我们也注意到打也通道的展部分外到最丰富的空间；通过人直城出空间中为一个公共休息空间，足够的座区可以让使用者或观赏者在室的更多丰富的空间；而观上的的壁，木质的铺装营造出舒适的空间，让游客感特别舒适。

总述

新加坡开放的态度吸引了全球的建筑师，当地独特的气候条件也使很多天马行空的概念成为现实。商业建筑体现了造型前卫、辨识度高的特点。另一个重要特点是和旅游业紧密结合。商业建筑既容纳了游客的消费和休闲活动，同时，其地标性建筑本身也可能成为游客参观的景点。华人留下了具有历史价值的商业建筑——店屋。现在的大部分店屋经过保护和修缮，依旧在正常使用，吸引着各地的游客。

1.位置与规模
怡丰城位于新加坡南部海岸港湾区的核心综合商业区。商场总面积达150万平方英尺约(13.93万平方米)，商店超过300家。

2.功能分布
B1、B2层主要是停车场及超市；一层主要是购物及餐饮区；二楼还设有中央广场；三楼完全为休闲及餐饮空间。

3.造型与流线
伊东丰雄将活动和流动的概念融入空间与造型。室内购物流线互相穿插，增加铺位，在有限的面积内创造更多的商业效益。南面白色外立面像涌动的海浪，呼应了自然风景。屋顶花园延续建筑立面的白色流线，同时在户外展出雕塑艺术品，丰富了空间的体验。
怡丰城有机地将当地的自然风景与流动性的理念相结合，人造的景观与自然的景观融为一体，展示了购物中心更加动态和开放的形态。

怡丰城

1.所处位置
滨海湾金沙购物商城位于中央商务区核心地段，周边景点集中，游客为购物商城带来了巨大的客流量。

2.内部可视性
商城设计多采用玻璃材质，极大地引入了自然光，增强了商城整体的可视性。整体内部空间开敞明亮，确保了各个商店的可视性，以及顾客的舒适感。

3.室内特色景观
运河：购物商城中庭的中间是一条运河，给人以独特的购物体验。运河末端有人工瀑布作为景观节点，给游人以停留观赏的空间。
互动式数码体验景观：提供了娱乐休闲的空间，吸引人群聚集停留。

4.室外广场
商城外部的滨水广场供人们观赏滨海湾景色、休息娱乐。在晚上还有水幕灯光秀，吸引着人群向商城聚集。

5.水晶阁
外形由"LV"演变而来，该建筑位于水上，总体材质为玻璃，白天可以映出周围景色，晚上则变得通透明亮，本身就成为水上景观。

金沙酒店

1. 名字由来
没有自来水时，牛车运水在唐人街非常普遍，唐人街被称为"牛车水"。

2. 街道风貌
牛车水的街道有许多彩灯装饰，夜晚，街市上五颜六色的灯火铺满整条道路，形态各异的花灯熠熠闪光。
店屋保留着正门窄而进深长的建筑风格。一说是为减少进口木材的运输难度和运输费用，木料的长度受到限制。还有一种说法是英国殖民者曾经以店屋沿街立面的宽度来征税，为了减少自己的税额，当地人特地将店门的那扇墙建得非常窄。

3. 店屋
经过修复的店屋保留了长宽宽厚的体量，一般两三层楼高，店屋紧挨在一起，门廊并连着一道屋檐，起着遮挡雨水的作用。屋顶是红瓦连接构成的两斜坡屋顶，二层开小窗，墙面装饰和柱廊综合了多种欧洲建筑风格，墙底色彩多样，拼接如插画般的风格。整个店屋给人一种休闲舒适的感受，来客像是置身于动画中。

牛车水和店屋

总结

新加坡的商业建筑形式多样，但都具有鲜明的特征和设计主题，使人印象深刻。独特的概念被贯穿在建筑设计的各个方面，自然地形成了具有独特形态的建筑。
新加坡商业建筑的另一个优点就是使用了很多手段来丰富其中的空间。内部交通空间趣味性十足，通过引水入室，或是使用曲线，使游人不论是行进还是静止，都可以感受到建筑内部丰富的空间；通过大量使用玻璃或其他透明材质来营造更加通透的空间效果。在室外环境也设计了很多充满活力的景观，使外部空间也具有很强的吸引力。
经过这次新加坡研修，我们对商业建筑的可能性有了更多的认识。在新加坡当地所见到的大胆的创意、细致的考量和丰富的手段，可以极大启发我们接下来的建筑设计的学习。

Singapore

2019 年暑期新加坡研修
公共建筑篇
Public Buildings

浦东国际机场

浦东国际机场位于上海市原浦东新区江镇乡、施湾乡和原南汇县祝桥乡、东海乡濒海地带。场区南北长8公里，东西宽5公里，规划占地32平方公里。距离市中心30公里，于1999年建成，1999年9月16日一期工程建成通航，2005年3月17日第二跑道正式启用，2008年3月26日第二航站楼及第三跑道正式通航启用，2015年3月28日第四跑道正式启用。

浦东国际机场第二航站楼采用独特的连续波浪型曲线，通过玻璃、钢与混凝土等材料的合理运用，着力展示新航站楼浓厚的时代气息。

浦东国际机场利用两侧斜拉壁向外倾倒的趋势，将钢索拉紧，而拉紧的钢索能承重，从而将屋面托住，由此实现巨大跨度的屋顶。

同时，斜面墙面得以解放，倾斜的玻璃幕墙作为立面更加提升了整个机场的现代感，也加大了建筑的采光率，使候机厅日常使用的能耗大幅度降低。

浦东国际机场鸟瞰图

浦东国际机场内景

樟宜国际机场

新加坡樟宜国际机场占地13平方公里，距离市区17.2公里。樟宜机场是新加坡主要的民用机场，也是亚洲重要的航空枢纽。新加坡樟宜机场屡次被评为世界最佳机场，它是新加坡最主要的机场和最重要的地区性枢纽，除承载航班外，机场还设有多个主题花园、大型的免税商品区、小睡区，甚至还有多个机场影院和高达12米的室内滑梯。游客完全不必担心较长的候机或转机时间，因为樟宜机场本身就是一处景点。

樟宜机场的四个航站楼与全新开幕的"星耀樟宜"共有超过550家零售店和250余家餐饮店，充分满足旅客的各种需要。机场内还设有丰富的娱乐设施，如电影院24小时免费放映最新影片，XBOXKINECT室运动体验及XBOX 360/Playstation3精彩游戏等。比起一般机场，樟宜机场同时承担了商业娱乐中心的角色。

新加坡被规划为"花园城市"，樟宜机场作为一个新加坡的门面，自然也少不了体现其"花园"的概念，无论是垂直绿化还是水平绿化都做得玲珑剔透，将室内绿化与大造现代环境相结合，使机场环境更加自然、宜人。同时还建有巨大花园，结合现代化手段实现的环形瀑布，形成令人叹为观止的景观。

Jewel Changi Airport. Aerial view. Image courtesy Jewel Changi Airport Devt.

一、背景：新加坡的建筑事务所 WOHA 一直是绿色城市的倡导者，将绿色从自然引入城市。Park Royal On Pickering 被设计成一个率容量倍增的花园酒店，拥有面积约 1.5 万平方米、楼高四层的繁茂园林、瀑布和花园，是酒店总占地面积的两倍以上。如此繁荣茂盛的绿色与周边邻近的公园连成一气，形成了连续的绿色景观。这个位于中央商务区狭窄网络上的酒店是城市重要的绿色标志。

二、设计思路：为了做到自然生态最大化，设计师特别将这个花园式酒店的底层，以及空中花园的部园，以混凝土来模拟打造出类似于岩层与梯田的样貌，为原本垂直的大楼增添起伏错落的动感，将整个外部设计成能予观者强烈视觉冲击的特殊半都会、半自然建筑。

三、绿色设计：Park Roya on Pickering 被设计成一个承容量倍增的花园酒店，美丽的热带花木与棕榈树丛缠着空中花园。大量的花草树木，不但有助于降温，还能阻隔日照，为酒店内部营造出流动的自然光线，并且节能减碳，能置换出更多的氧气。经过一番修剪，基础的城市绿化更呈现出极赏设计感的美态。

皮克林宾乐雅
精品酒店

在开放、五层高的泳池甲板上，十二层的塔楼形成"E"字形的平面，以便所有客房能北面向公园和花园，而服务和外部连接走廊则设置在南立面一侧。酒店"自遮阳"——通过空中花园和三个相邻容房楼——可以通过相邻建筑遮蔽从清晨一直到下午的太阳。房间因此可以使用全玻璃外墙（通过低反射率玻璃）而没有外部遮阳设备。

2019年暑期 ——绿色建筑篇
新加坡研修

项目背景

新加坡南洋理工大学（NTU）学习中心由Heatherwick Studio 设计，由首席建筑设计CPG Consultants 执行，是新加坡的一个全新教育地标。作为 NTU 校园开发规划的一部分，学习中心被设计成可容纳 33000 名学生的多功能建筑。

方案生成

设计师巧妙地将 12 座塔楼围合成一个以中庭为中心的半封闭、半开放的空间，12 个塔楼既相互独立又彼此连接，使学生之间的交流变得灵活舒适，能够满足最初的设计理念——可以为不同专业的学生提供学习交流的空间，使建筑的功能和形式完美结合。

新加坡全年温度在 25℃至 31℃之间。既要满足新加坡严格的建筑法规同时又要达到持续建筑能源使用并非易事，这也是该方案在实施过程中的一大难题。中庭共享的流通空间穿插着开放空间和正式的花园露台，可以直观地连接学生，同时能留出空间用于漫步、学习和休息。

建筑开放通透的中庭是天然的换气口，使围绕学楼塔楼教室的空气循环最大化，并尽可能让学生感到凉爽舒适。学习中心建设获得新加坡建筑管理学院颁发的绿色建筑标志白金奖，这也是这种类型建筑的最高环保荣誉。

绿色设计

楼梯间和电梯间的混凝土核心筒里面有 700 幅特别设计的图案，呈现出立体效果，涉及从科学到艺术再到文学的各种话题。曲线的立面版本有着特别的水平纹理，它是用 10 个经济节约的可调节硅酮模具制作的，创造出了复杂的三维纹理。整个建筑的混凝土采用各种各样的原始的处理手法，使复杂项目显得好像是用泥浆和黏土手工制作的一样。

南洋理工大学学习中心

意大利的雕塑文化

①图一　②图二　③图三
④图四　⑤图五　⑥图六

欧洲文艺复兴初期雕塑的特点

"复活与再生"。反对宗教文化，提倡复兴希腊、罗马古典文化，但更体现了一种人的自我觉醒和再生。文艺复兴初期的雕塑，继承和发展了希腊、罗马雕刻艺术的传统，以其完美的技巧、宏伟的气魄和深刻的思想成为西方雕塑史上继希腊、罗马以后的第二个高峰。文艺复兴初期的雕塑大多和古希腊雕塑中神伟的雕像、精美的陶瓶相似，内容都围绕着希腊早期宗教的核心——希腊神话中的众神家族创作。艺术家用人文主义理想创造了宗教中的神和英雄，雕塑家于男性诸神，无不是希腊男性完美要素结合的壮美典型，女性诸神又不是希腊女子完美要素结合的美典型，而富有人情味的气氛中。一个类似人家民族的众神家族。我们今天看到的许多著名文艺复兴期雕塑无不渗透着这种亲切的人性。文艺复兴时期的艺术家同时也是哲学家和美学家，唯物的哲学家们把美归结为数、比例等可以度量的标准，唯心的哲学家们则把美归结为神、理念等不易言传的东西，认为是美近艺术家与神意的沟通。无论这些探索在今天看来是多么幼稚，他们的成就无疑奠定了后代努力的基石，是美学和艺术学方面的巨大成就。而文艺复兴初期的雕塑是古希腊和中世纪文艺遗产的精华部分与文艺复兴科学求实精神完美结合的产物。人文主义对事物的深刻理解，使造型艺术中的"比例"和"技巧"问题终于获得了最好的解决办法，使其强烈地体现出了人文主义与科学求实这两大特点，并在文艺复兴初期的雕塑作品中传与下来了。

欧洲文艺复兴初期的代表作：吉贝尔蒂与天堂之门

15世纪的意大利雕塑从一开始就力求通过宗教题材反世俗精神。雕刻家吉贝尔蒂以在佛罗伦萨的一次洗礼堂铜门浮雕设计竞赛中压倒对手布鲁内莱斯基而闻名。从1403年起，他用21年的时间完成了佛罗伦萨洗礼堂第二道门的制作。整个门分28个框，每一个框内为一个独立的故事，故事题材均取自《圣经》。这道门继承和发展了皮萨诺在第二道门中体现的构思与形式。从1425年开始，吉贝尔蒂用27年时间完成了洗礼堂正门的制作。这一次在铜门构图上他嵌去了边框，用对等的10个方形画面分别雕刻出了10个旧约故事。在10块浮雕中他塑了先知像和其他人物头像(还包括他个人自己的雕像)。后来，意大利著名雕塑家米开朗基罗研究和临摹了门上的浮雕，他对吉贝尔蒂的浮雕赞美不已，曾感慨说：这真是一扇开向"天堂"的门啊！从此"天堂之门"这个名称就流传下来了。

意大利文艺复兴时期建筑与艺术的思考

——绘画中的空间艺术

①《基督进入耶路撒冷》　②乔托的空间艺术
③建筑家伯鲁乃列斯基
④雕塑家多纳太罗　⑤画家马萨乔
⑥拉斐尔《雅典学院》

引言

意大利文艺复兴时期的人文主义在各种艺术形式中都得到了表达，而绘画作为这一时期的几大主流艺术之一，其表达方式成为这一时期艺术研究的主要对象。本文以建筑学视角出发，通过对意大利文艺复兴时期绘画中空间艺术表达方式的研究，思考该时期艺术与建筑及人文主义间密不可分的联系。

意大利文艺复兴初期的艺术

文艺复兴时期的意大利在建筑、雕塑、绘画等多个不同的艺术领域都取得了手甲成就。地处地中海沿岸的意大利是西欧与东方进行贸易往来的重要枢纽。新兴阶级对文化艺术有新的需求，人们越来越强烈地感觉到应当摆脱中世纪封建神权的禁锢，于是开始从古希腊和古罗马的文化中汲取营养，新的艺术风尚和审美趣味就这样在城市中出现了。15世纪的意大利同古希腊一样形成了许多独立的城市，佛罗伦萨是这一时期意大利最先进的城市，人文主义思想在这里得到顺利发展。15世纪的佛罗伦萨不仅在意大利政治经济中占有重要位置，在文化艺术发展中也处于领导地位，这一时期出现了三位艺术大师，被誉为"小三杰"的建筑家伯鲁乃列斯基、雕塑家多纳太罗和画家马萨乔，他们的出现标志着早期文艺复兴的开始。

意大利文艺复兴初期的绘画艺术

在文艺复兴之前，西方众多画派对自然的摹写艺术日臻成熟，而意大利画家并不满足于对自然的观察和模仿，他们希望通过对古代艺术的研习，创造出更理想化的形象。早期文艺复兴艺术家们对古典大量探索，再结合对古希腊古罗马艺术大师的总结，终于创造出了典型的、理想化的人物形象。人文主义思想在这一时期意大利画家的笔下得到淋漓尽致。

意大利文艺复兴时期绘画中的空间艺术

西方绘画的科学性源于古希腊古典雕塑，到了文艺复兴时期，绘画中的空间艺术被进一步放大。透视法是意大利文艺复兴期表现空间及其中人物的绘画方式，也是这一时期绘画中空间艺术的主要表达方式，该方法在很大程度上以数学为基础，因此具有了理性成分和科学特征；而它所展示的空间又是人们因视错觉而生成的幻觉感，因此它被认为是更为"真实"的绘画方式。透视法的产生是过了复杂而有趣的过程，最早乔托和杜乔的绘画，看到更多是通过人物的前后叠加来表现空间深度；而杜乔局部绘出透视正确的物体，尤其是建筑，但还不能把它们统一到一个空间中，他的《基督进入耶路撒冷》就很能说明。透视法作为时代产物，其产生和发展与意大利文艺复兴期崇尚科学的时代精神是密不可分的，可以说透视法不仅确立了西方近代绘画的成像方式，同时也确立了绘画的叙事方式。

结语

建筑是空间的艺术，而绘画中的空间感大多需要通过建筑的透视来表现。文艺复兴期意大利绘画中出现的透视法，就是空间艺术在绘画中的集中体现。思考其发展过程不难发现，这一时期建筑与绘画艺术的关系是密不可分的，而绘画中的空间艺术体现的更是文艺复兴时期崇尚科学与真实的人文主义。

意大利的古建筑保护

①老桥　③领主广场
④佛罗伦萨街道　⑤梅蒂奇家族宫殿
⑥阿诺河

意大利是世界上保护古建筑最出色的国家，对于意大利人来说，历史遗产就像是基因一样不可或缺。

早在1939年的时候，当时的意大利政府为了保护罗马古城，就建造了一座罗马新城紧挨其承担现代城市功能，目且意大利的古城保护是写在宪法精神里的，宪法规定百年以上的古建筑，只要未经政府批准，一律不得拆除与改建，否则将受到法律制裁。我们在佛罗伦萨亲身感受到，意大利的古城基本上都限制车辆进入，老铺啊店也不能擅自改变，维持了数百年的面貌。同时，政府认为最好的保护是继续使用，所以直到今天我们看到的不少古建筑都在正常使用，比如监狱院和总理府都始建于16世纪，而且有很多老街上的古建筑，保留持着数千年前的面貌，不过内部都已经翻新加固。事实上翻新老楼比造一幢新楼要麻烦得多，也要费钱得多，甚至有很多细节都不符合现代人的习惯，但哪怕如此也不能更改，原因是"当年就这样！"

老桥，这座阿诺河上最著名、最古老的桥梁见证了佛罗伦萨整个城市的兴盛和衰落。到了中世纪，历经战火的洗礼和洪水的侵袭依然傲然屹立，成为游客来多佛罗伦萨的必经之途。据说起初老桥是当地贩卖猪肉的场所，后来美蒂奇大公觉得臭气熏天，就下令把肉铺都赶走，取而代之的是珠宝店铺。而美蒂奇大公为了不和普通百姓走相同的街道，就在老桥上面修建了著名的瓦萨里走廊，以连通自己的办公地点旧宫和住宿地点皮蒂宫。如今老桥是佛罗伦萨最著名的黄金珠宝店铺聚集地。

老桥是欧洲最早的大跨度圆弧拱桥，屹立1000多年，历经风雨，虽挡不住岁月的侵蚀，也应证了那的古老，但青苔遍布的旧桥至今仍在使用。这也正体现了佛罗伦萨文化遗产修复的"不毁坏历史原貌"这一原则。意大利政府每年都要从财政收入中拨出数亿欧元专款用于文物修复，并将彩票业中的部分收入作为文物保护的资金，同时还鼓励企业对一些文物保护项目进行赞助。可以看出，意大利之所以能在古建筑保护上领先于其他国家，是因为好心人和好情怀，不过最重要的是他们很少在其中掺杂功利性，才打算通过古建保护获取一点什么别的利益，因为对意大利来说，心存功利而面做出的"保护"，在某些方面也是对古建筑的另一种伤害与推残！

意大利的古建筑保护

意大利的古建筑保护

①奥林匹克剧院　③圣马可教堂
②圣马可广场　④维琴察博物馆
⑥威尼斯

建于公元前49年的维琴察，是一座名副其实的古城，不仅完好保存了古奥林比克剧院，还是帕拉迪奥建筑的发源地。帕拉迪奥路是维琴察的主街之一，大道是东西走向贯穿城镇，从城堡门延伸到阔河边的房子，都是非常漂亮的建筑，漫步其中，可以细细品味古城遗韵。

维琴察著名古建筑、奥林匹克剧院，是世界上现存最古老的室内剧院，由该城帕拉迪奥专门为维琴察的学院奥林匹克设计并作为戏剧表演的场所，是帕拉迪奥运用手法主义的代表作，也是帕拉迪奥最后的巨作。剧院而建后才终告建成。剧院内部设计，半圆形的观众厅以古希腊半圆形剧场Amphi Teatre为原型。尤为人称道的是它梦幻般的舞台布景，它由7条宛如的走廊或者是街道构成，每一条都会造成一种视觉幻象，将本来不大的空间营造得非常丰富，将不远的街道营造得非常深远。步入剧场，顿感震撼。剧院虽保存完好，意大利也决不用它做电影的电影都有在奥林匹克剧院取景。对于这种古老建筑，意大利的保护更多强调一种工匠精神，它体现工匠精神不仅体现在对文化与历史的理解和尊重上，同时也体现在对文物修复工艺的传承与创新上。对于历史文物的修复，意大利抛弃了它化式的纯美学修复和单纯追求最高艺术品身份的古玩式修复，使遗迹保留了最原始的风貌。

威尼斯是意大利都城也托大区首府，威尼斯省省会，世界历史文化名城，其建筑、绘画、雕塑、歌剧等在全世界有着极其重要的地位和影响。威尼斯的历史相传开始于公元453年，当时意大利北地方的农民和渔民为了逃避酷喀刀刀的游牧民族，转而避住皮亚诺海中的小岛。城内古迹众多，有各式教堂、钟楼、男女修道院和宫殿多余座。整座城市建在水中，水之道即为水中之路，船是唯一的交通工具。威尼斯的建筑方法是，先将木柱插入威尼斯下的泥土之中，然后再铺上一层又大又厚的伊斯特拉石。这种伊斯特拉石防水性能极好，是从亚得里亚海的伊斯特拉运来的。然后在伊斯特拉石上铺上砖，建一座座建筑。由于砖比伊斯特拉石红轻很多，所以不会出现压力严重下沉的问题。威尼斯肥沃的冲积土质，就地面取材的石块，加上坚巴组建成了威尼斯城的本永做的小船年来其间——在淤泥中，水上先民们建起了威尼斯城。威尼斯的古城保护采取了仅对城市做局部维修的"不发展"保护模式，城市保护规则将严格到了无以复加的地步。首先，城市规划与整体保护合而为一。意大利政府主要是通过城市规划和严格的整治对威尼斯进行有意识的保护。如意大利政府于1971年制定、1984年修订了了《威尼斯特别法》，明确规定了威尼斯城市改造问题。同时以法律和价格等手段控制游客人数，有效地保护了威尼斯的自然与人文环境。在城市建设中，几乎不允许加建出任何新建筑。这种特的文化生态系统，服从于城市做局部的保护的交通。威尼斯独特的城市轮廓线和街景个性特征合而为一的保护的角度。为了避免游人造成环境破坏，同时又让游人留下美好的印象。意大利政府规定威尼斯唯一的交通工具是搭乘水上船。所以不许有任何机动力的使用，包括自行车等。总体看来，通过实行"不发展"的保护模式，威尼斯城市变成了一座遗址，延续了它的历史文脉，保持了宜人的视觉氛围和独有的魅力，使其古老的文化遗产与当代人和谐共处。

苏州大学金螳螂建筑学院
& 英国普利茅斯大学

暑期建筑艺术研修
Art,Design&
Architecture Summer

Part1　团队简介

· 团队介绍　Team Introduction

2019年8月3日，金螳螂建筑学院暑期英国普利茅斯大学建筑艺术研修团一行12名师生赴英进行交流学习及研修，任务结束后顺利返校。赴英研修团由周国艳老师任团长，陈国凤书记同行，另有10名学生组团，于8月3日出发，前往伦敦、普利茅斯、埃克斯特等城市，并在普利茅斯大学进行为期两周的课程学习。本次赴英学习是学院第一次组团赴英研修，为学院海外研修拓宽了道路，为同学们开拓国际视野提供了有效途径与方法。在今后的设计与学习中，同学们也会运用本次研修中学到的知识与方法，为设计注入新的思路与想法。

· 行程安排　Schedule

"City Dataplay" 课程，引发了学生对智能数字化时代如何掌握网络与社会关系的思考。

"BuildingEnvironment" 课程，让同学们了解了气候环境对建筑设计的影响，体会了建筑类型与建筑节能之间的联系。

"Eden Project" 项目的参观，带领师生感受因地制宜进行景观设计的魅力，了解欧洲植物造景艺术。

自由安排的周末时间，我们跟随学生大使去Exeter城市参观博物馆和Exeter哥特式大教堂，对西方建筑史有了更加深刻的理解与认识。

在 "Publishing Imagination" 课程中，我们通过小组合作，共同创造了一个个有趣的绘本故事。

两天的3D打印感受课程，让我们在不断的尝试和改进中，制作出自己的3D打印机械臂马，奈自设计师入绘画图案。大家了解了机械相关知识，体会到了团队合作的智慧。

4天的伦敦行，师大们领略了泰晤士河沿途景观，了解了英国独特的涂鸦文化，并对英国的城市风貌和历史街区进行了整体调研与体会感知。

苏州大学金螳螂建筑学院
& 英国普利茅斯大学

暑期建筑艺术研修
Art,Design&
Architecture Summer

Part2　团队简介

· 超现实创作　Surrealism Painting

我们前往普利茅斯的艺术工作坊，跟随艺术家进行了很多新颖的尝试，他为我们介绍了达利等超现实主义画家的作品及他们的创作过程，引导我们去进行无意识的创作，不经过大脑思索地快速绘画，心中是手就立刻画下来。经过几次训练，我们的思维越来越开放，变得大胆，突破了严谨的绘画方式，发现了另一种更加有趣且充满想象的创作方式。

· 集市速写　Reportage Drawing

这堂课我们前往当地的传统集市进行写生，普利茅斯的更多面孔和琐碎日常都展现在我们眼前。随后我们返回工作室将一个个同学的作品进行拼接，两位老师教导我们要用心去观察身边的事物，日后能从中收获别样的幸福。同时，我们发现不同人观察事物的角度有不尽相同。而这些事物被拼接到一起之后，充分展示了世界的多姿多彩和同学们的创意纷呈。

· 陶艺制作　Ceramics

导师介绍了三种陶瓷容器的制作方法，为了使陶瓷厚度均匀，需将黏土放置于两根粗木条之间，用擀杖将其压扁至适合的厚度。我们既可以将擀好的黏土附在包裹着报纸的圆柱纸筒上，做成勾称的柱体后按其底座大小增加杯底，也可以先设计好底座的厚度，再设计其杯身、瓶身的样式。同学们充分发挥想象力，运用相同的方法创造着具有鲜明个人特色的陶瓷作品。

· 其他成果展示　Other Art Works

活动名称：2019年苏州大学金螳螂建筑学院&英国普利茅斯大学暑期建筑艺术研修

苏州大学金螳螂建筑学院
& 英国普利茅斯大学

暑期建筑艺术研修
Art,Design &
Architecture Sumer

课堂交流

Part3

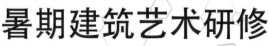

● 城市数据　City Dataplay

老师主要讲述了在数字时代，城市可以做出的一些有趣的改编，因为每个人、每样物品都有可能通过网络连接起来，老师制作的一个软件可以通过移动屏幕来来定位车站、购物商场等。同时他介绍了一款能够表达人类情感的座椅，如果它检测到人们为了等待接入有些烦躁，它会通知士尽快到达等。这个课题引发了我们对智能数字化时代如何掌握网络与社会关系的思考，我们可以利用网络联系生活更加方便，但同时也不可避免地会生一些弊端，比如私密性方面的问题，但这都是我们不去尝试前无法预知的缺陷。

● 建筑环境 Build Environment

OMAR老师在课上首先给我们介绍了什么是Bioclimate Architecture。他解释道：这种类型的建筑是对于气候和能源挑战的一种回应。他说：对于这种建筑的设计，两种策略——PASSIVE STRATEGIES，ACTIVE STRATEGIES——都必须要做到。OMAR老师通过古代中东地区的房屋向我们阐述了古代中东人是如何不仅仅通过Passive Strategies来对炎热的气候进行回应的，其中包含了Courtyard、Shade、Wind—CATCHER等。最后又举出了现代建筑的例子，只是在建筑的外部增加了一个重复的结构，就节省了整栋建筑50%的能源消耗量，根好地将两种策略一起解决的成果展现了出来。

● 视频制作　Film Challenge

在开始上课的时候，老师询问是否有过拍摄影片的经历，绝大多数同学都表示并没有，但是当问到大家是否曾用自己的手机拍摄过视频的时候，没有人是否认的。这个时候老师就介绍到近期他们正在进行的一个项目——Imperfect Cinema Workshop。他们走向社区，向普通人传授基础的摄影技巧。他们不需要非常昂贵的摄影仪器，只要用自己的手机就可以完成自己的影片，虽然不完美，但是能够体现每个人的独特性。这也正是我们在一天当中的里所需要做到的事。最后大家聚集在报告厅欣赏到了每个人所拍摄的成果，收获了许多，明白了自身存在的更多可能性。

● 课堂实况　Classes Communication

苏州大学金螳螂建筑学院
& 英国普利茅斯大学

暑期建筑艺术研修
Art,Design&
Architecture Summer

调研报告

Part4

● 伊甸园工程　Eden Project

伊甸园工程是一座引人注目的独一无二的全球花园，是世界上最大的温室公园，其主要目标是教育公众了解自然世界。伊甸园的创造者们特别希望向游客揭示可持续发展（谨慎使用自然资源以使这些资源能在将来继续供人类使用的）的问题。

● 英国街头涂鸦文化　Graffiti

涂鸦是英国的一种街头文化，走在英国，你可以发现街上各种各样风格迥异的涂鸦，随性、夸张、放肆，给这个国家带来不一样的活力与色彩。它可以是政治的，可以是人性的，甚至可以没有任何含义。它是来源于最直接的内心的声音，色彩明艳，声音铿锵，个性张扬。它是一个城市年轻的标志，激情而躁动。

● 英国伦敦泰晤士河岸调研　The Thames

伦敦的主要建筑物大多分布在泰晤士河两岸，尤其是那些有着上百年甚至三四百年历史的建筑，如有象征胜利意义的纳尔逊海军统帅雕像，非有众多伟人的威斯敏斯特大教堂、具有文艺复兴风格的圣保罗大教堂，曾经见证过英国历史上黑暗时期的伦敦塔，桥面可以起降的伦敦塔桥等，每一幢建筑都称得上是艺术的杰作。